中等职业教育土木建筑大类专业"互联网+"数字化创新教材
中等职业教育"十四五"系列教材

建筑识图

卢 倩　张含彬　宋良瑞　主编
蔡小玲　主审

中国建筑工业出版社

图书在版编目（CIP）数据

建筑识图 / 卢倩，张含彬，宋良瑞主编. — 北京：
中国建筑工业出版社，2022.2
中等职业教育土木建筑大类专业"互联网+"数字化
创新教材　中等职业教育"十四五"系列教材
ISBN 978-7-112-27186-3

Ⅰ. ①建… Ⅱ. ①卢… ②张… ③宋… Ⅲ. ①建筑制
图-识图-中等专业学校-教材　Ⅳ. ①TU204.21

中国版本图书馆CIP数据核字（2022）第040702号

本书为中等职业教育土木建筑大类专业"互联网+"数字化创新教材，中等职业教育"十四五"系列教材，分为三个项目，共9个单元，项目1主要介绍建筑构造基本组成、建筑制图标准及CAD的基础知识，项目2主要介绍建筑施工图的概述、建筑施工图的识读和使用CAD绘制建筑施工图；项目3主要介绍结构施工图的基础知识、结构施工图的识读和使用CAD绘制结构施工图。

本书可作为建筑工程技术及相关专业中职学生教学用书，也可作为相关专业培训教材使用。

为便于教学和提高学习效果，本书作者制作了教学课件，索取方式为：
1. 邮箱 jckj@cabp. com. cn；2. 电话（010）58337285；3. 建工书院 http://edu. cabplink. com；4. 交流QQ群796494830。

责任编辑：刘平平　陈冰冰
责任校对：姜小莲

中等职业教育土木建筑大类专业"互联网+"数字化创新教材
中等职业教育"十四五"系列教材
建筑识图
卢　倩　张含彬　宋良瑞　主编
蔡小玲　主审

*

中国建筑工业出版社出版、发行（北京海淀三里河路9号）
各地新华书店、建筑书店经销
北京鸿文瀚海文化传媒有限公司制版
廊坊市海涛印刷有限公司印刷

*

开本：787毫米×1092毫米　1/16　印张：14¼　字数：354千字
2022年3月第一版　2022年3月第一次印刷
定价：**45. 00元**（赠教师课件）
ISBN 978-7-112-27186-3
（38752）

前　言

　　"建筑识图"是中等职业教育建筑工程施工专业的一门重要专业核心课,它以"土木工程制图基础""建筑识图与构造""画法几何"等课程为基础,并未其后续专业课程的学习奠定基础。其教学任务是使学生了解必要的施工图基础知识,掌握结构施工图的识读方法,能运用所学知识分析和解读建筑施工图和结构施工图,了解 CAD 软件的基本命令和运用 CAD 软件绘制建筑施工图和结构施工图的具体操作方法和步骤。培养学生严谨、科学的思维方式和认真、细致的工作态度。

　　本书主要有以下几方面特点:

　　1. 覆盖面广

　　本书分为三个项目,共 9 个单元,项目 1 主要介绍建筑构造基本知识、建筑制图规范及 CAD 的基础知识,项目 2 主要介绍建筑施工图的基础知识、建筑施工图的识读和使用CAD 绘制建筑施工图;项目 3 主要介绍结构施工图的基础知识、结构施工图的识读和使用 CAD 绘制结构施工图。

　　2. 专业性强

　　本书以建筑工程专业为基础,由简单到复杂,从识图的基础知识到施工图的识读和绘制,一步一步为学生解锁学习方法。

　　3. 通俗易懂

　　本书为建筑专业一线教师在教学中的积累和总结,所用语言简单易懂,适合中职生的个性发展,特别是在 CAD 操作教学中,"命令选项"详细列举了命令的选项和使用方法,详细讲解了操作步骤并做了举例说明,使读者一目了然,便于学生自学。

　　本书由卢倩、张含彬、宋良瑞(四川建筑职业技术学院副教授)主编,李思维、陈燕、李薛、李倩影、廖容、周林聪参加编写,无锡城市职业技术学院蔡小玲教授主审。

　　本书在编写过程中,参考了大量的建筑识图和 CAD 制图的相关资料,为一线教师在教学中的经验总结,由于编者水平有限,书中尚有不足之处,敬请读者不吝赐教。

目 录

项目1

Chapter 01

建筑概述

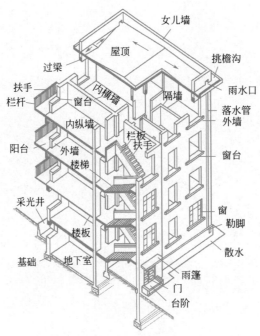

单元 1.1　建筑构造的基本组成

本单元主要介绍民用建筑构造的基本组成。通过本单元的学习与作业实践，让学生认识并掌握民用建筑构造组成。

教学要求：

能力目标	知识要点	权重
正确认识民用建筑构造的组成	建筑构造的组成、作用、类型及设计要求	100%

建筑构造是建筑施工专业核心课程，是研究建筑各组成部分如何建造的，即满足要求的建造方法。所以了解建筑的组成部分及对组成部分的要求，熟悉国家的规范、标准和图例，掌握组成部分的具体做法，识读民用建筑施工图。

1. 民用建筑构造概述

建筑构造：是一门专门研究建筑物各组成部分的构造原理和构造方法的学科，是建筑工程设计不可分割的一部分，其主要任务是按照建筑物的功能要求，设计出先进合理又经济的构造方案。

2. 民用建筑的组成、作用及设计要求

砖混结构-构造组成

一般民用建筑是由基础、墙或柱、楼地层、楼梯、屋顶、门窗等主要部分组成。图 1-1

图 1-1　民用建筑

为一幢民用建筑构造组成。

（1）基础

基础是建筑物最下部分的承重构件。它承受着建筑物的全部荷载，并把这些荷载传给地基，所以要求基础坚固稳定、耐水、耐腐蚀、耐冰冻防止不均匀沉降和延长使用寿命。

基础按构造形式分类：

1）独立基础：当建筑物上部结构为框架、排架时，基础常采用独立基础，如图 1-2 所示，独立基础常用的断面形式有阶梯形、锥形、杯形等，如图 1-3 所示。

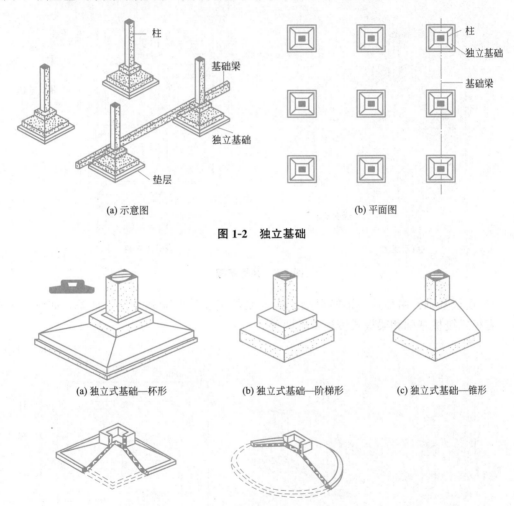

(a) 示意图　　　　　　　　　　　　　(b) 平面图

图 1-2　独立基础

(a) 独立式基础—杯形　　　(b) 独立式基础—阶梯形　　　(c) 独立式基础—锥形

(d) 独立式基础—折壳　　　(e) 独立式基础—圆锥壳

图 1-3　独立基础断面形式

2）条形基础：基础在连续的墙下或密集的柱下，宜采用条形基础，如图 1-4 所示。有墙下条形基础和柱下条形基础。

3）井格基础：柱下基础纵横相连组成井字格状，叫井格基础。可克服独立基础下沉不均的弊病，适用于荷载较复杂、地质情况较差的工程。井格基础造价较高，施工复杂，多用于高层建筑，如图 1-5 所示。

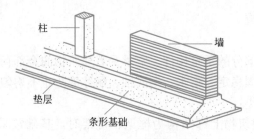

图 1-4　条形基础

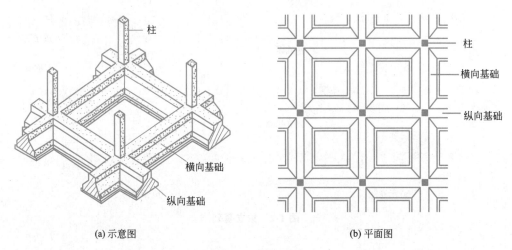

(a) 示意图　　　　　　　　　　　　　(b) 平面图

图 1-5　井格基础

4）筏板基础：由整片的钢筋混凝土板承受整个建筑的荷载并传给地基，如图 1-6 所示。有板式筏板基础和梁板式筏板基础两种。

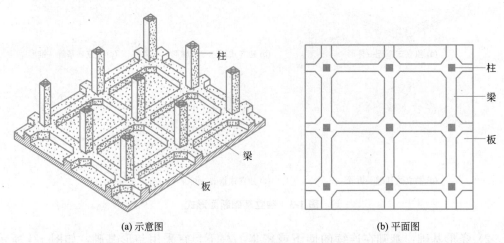

(a) 示意图　　　　　　　　　　　　　(b) 平面图

图 1-6　筏板基础

5）箱形基础：箱形基础是一种刚度很大的整体基础，它是由钢筋混凝土顶板、底板和纵、横墙组成的，如图 1-7 所示。

6）桩基础：桩基由承台和桩身组成，柱有木桩、钢桩、钢筋混凝土桩等，桩基础的

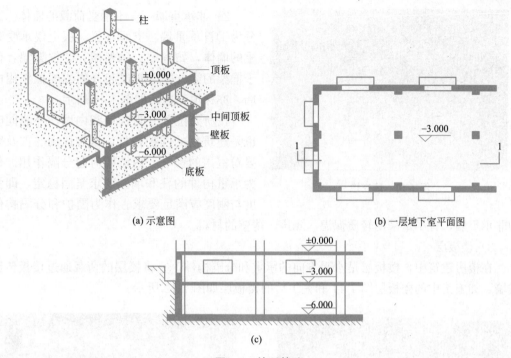

(a) 示意图　　　　　　　　　　　　(b) 一层地下室平面图

(c)

图 1-7　箱形基础

形式还有预制桩、灌注桩和爆扩桩等，如图 1-8 所示。

（2）墙或柱

墙或柱是房屋的垂直承重构件，有些建筑由墙承重，有些建筑由柱承重。墙和柱承受屋顶楼层传来的各种荷载，并传给基础。

在混合结构建筑中，墙体可以按受力方式分为承重墙和非承重墙两种。

1）承重墙——承受由梁、板、屋架传来的荷载的墙体，如图 1-9 所示。

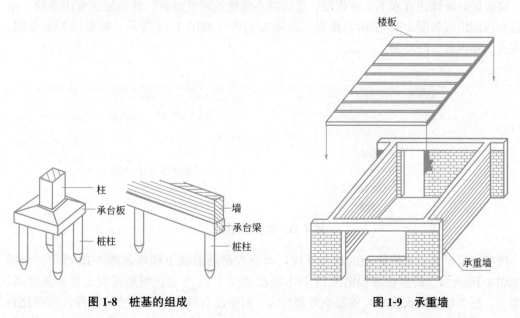

图 1-8　桩基的组成　　　　　　　　　**图 1-9　承重墙**

图 1-10　填充墙

2）非承重墙——不承受荷载的墙体。又分为①自承重墙：支承在梁、板上仅承受自重的墙体，如隔墙、隔断墙。②框架墙：位于框架的梁、柱之间仅起分隔或围护作用的墙，亦称填充墙，如图 1-10 所示。

按所处位置分为外墙和内墙，外墙同时也是建筑物的围护构件，抵御风雨、雪及寒暑对室内的影响，内墙同时起分隔作用。作为承重构件的柱和墙，要求坚固稳定，即强度与刚度应满足要求。作为围护和分隔构件的非承重墙，宜尽量采用轻质保温、隔声、薄壁的材料。

3）楼板层

在楼房建筑中，楼板层是水平方向的承重和分隔构件，它将楼层的荷载通过楼板传给或墙，如施工中的楼板层图 1-11 和完工后的楼板层如图 1-12 所示。

图 1-11　施工中的楼板层

图 1-12　完工后的楼板层

楼板层对墙体还有水平支撑作用，层高越小的建筑刚度越好。楼板层主要由面层、结构层和顶棚组成如图 1-13 所示，楼板层的附加层构造如图 1-14 所示，楼板层要求坚固、刚度大、隔声好、防渗漏。

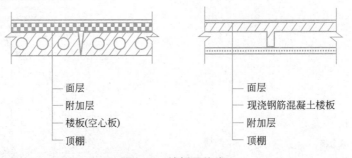

面层
附加层
楼板(空心板)
顶棚

面层
现浇钢筋混凝土楼板
附加层
顶棚

图 1-13　楼板层构成

楼板层根据其承重层使用的材料不同，可分为钢筋混凝土楼板如图 1-15 所示、钢楼板如图 1-16 所示、砖拱楼板如图 1-17 和木楼板如图 1-18 所示。钢筋混凝土楼板强度高，刚度大，耐久性和耐火性好，混凝土可塑性大，可浇灌各种形状和尺寸的构件，因而比较

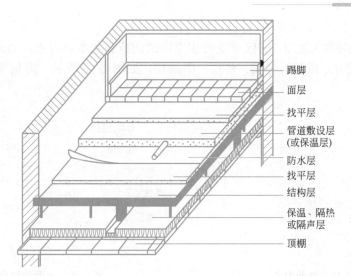

踢脚
面层
找平层
管道敷设层
(或保温层)
防水层
找平层
结构层
保温、隔热
或隔声层
顶棚

图 1-14 楼板层的附加层构造

经济合理，被广泛采用。

图 1-15 混凝土楼板

图 1-16 钢楼板

图 1-17 砖拱楼板

图 1-18 木楼板

4）地面

首层室内地坪称为地面，它仅承受首层室内的活荷载和本身自重，通过垫层传到土层上。地面的组成有：面层、垫层、基层、附加层，如图 1-19 所示，附加层构造如图 1-20 所示。

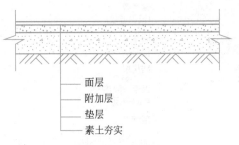

图 1-19 地面组成

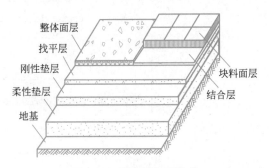

图 1-20 地面附加层构造

地面质量的好坏直接影响房屋的使用，故对地面的用料选材和构造要求必须充分重视。常用地面构造有水泥砂浆地面如图 1-21 所示、现浇水磨石地面如图 1-22 所示、水泥制品块地面如图 1-23 和缸砖地面如图 1-24 所示、陶瓷锦砖地面如图 1-25 所示、花岗岩和大理石地面如图 1-26 所示、木地面如图 1-27、图 1-28 所示。

图 1-21 水泥砂浆地面

图 1-22 现浇水磨石地面

图 1-23 水泥制品块地面

图 1-24　缸砖地面

图 1-25　陶瓷锦砖地面

图 1-26　花岗岩和大理石地面

图 1-27　木地面

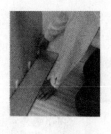

图 1-28　实铺木地面做法

5）楼梯

楼梯是楼房中联系上下层的垂直交通设施，也是火灾、地震时的紧急疏散通道，故应有足够的通行能力和坚固、稳定、防火、防滑等保证。楼梯由楼梯段、楼层平台、中间平台、栏杆扶手组成。楼梯段是楼梯的主要部分。中间平台是供行人间歇或转向的区段。栏杆扶手是安全设施，以利行人扶靠和防止跌落，如图1-29所示。

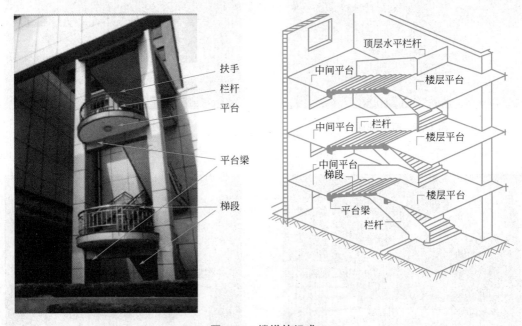

图1-29　楼梯的组成

楼梯的材料类型，主要有木制楼梯用于室内楼梯如图1-30所示、钢材楼梯用于室外、专用、消防和特殊造型如图1-31所示、钢筋混凝土楼梯具有坚固耐久、防火防蚀、防震性能好等诸多优点，用途最广如图1-32所示。其中钢筋混凝土楼梯分现浇式和装配式两种。

图1-30　木制楼梯　　　　**图1-31　钢材楼梯**　　　　**图1-32　钢筋混凝土楼梯**

6）屋顶

屋顶是建筑物顶部的承重和围护结构，一般由顶棚、承重结构、保温隔热层和屋面等部分组成，如图 1-33 所示。承重结构部分要承受自重、雪、风和检修荷载；屋面要承担保温、隔热、防水、隔汽等任务，同时屋顶装饰使房屋形体美观，造型协调。

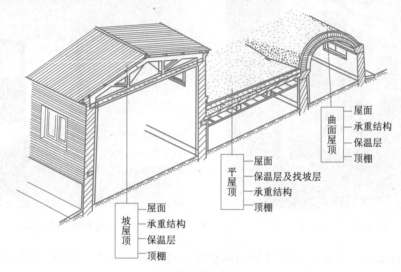

图 1-33　屋顶组成

屋顶的形式决定于屋面材料和承重结构形式。主要有平屋顶、坡屋顶和曲面屋顶，如图 1-34 所示。

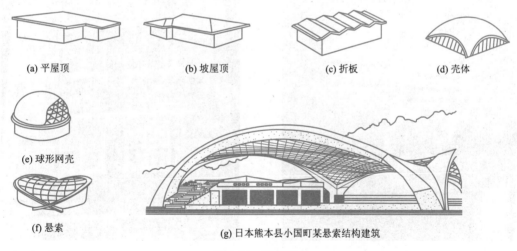

(a) 平屋顶　　(b) 坡屋顶　　(c) 折板　　(d) 壳体

(e) 球形网壳

(f) 悬索　　(g) 日本熊本县小国町某悬索结构建筑

图 1-34　屋顶形式

7）门窗

门是供人们出入和搬运家具设备的出入口，以及房间之间联系的交通口，也是紧急疏散口，兼有采光通风作用，如图 1-35 所示。按使用材料分类有木门、钢门、塑钢门、铝合金门、玻璃钢门、无框玻璃门等。其中以木门和塑钢门最宜用于内门。门的形式有平开门，构造简单，开启灵活，加工制作简便，易于维修，是建筑中使用最广泛的门如图 1-36 所示。此外还有弹簧门、推拉门、折叠门、转门、上翻、升降门、卷帘门。

图 1-35　门（一）

图 1-36　门（二）

　　窗是具有采光、通风、眺望等功能的设施，要求具有隔声、保温、防风沙等功能如图 1-37 所示。按使用材料不同分为木窗、钢窗、塑钢窗、铝合金窗、玻璃钢窗等。窗的形式有平开窗，构造简单，开启灵活，制作维修均方便，是民用建筑中使用最广泛的窗，如图 1-38 所示。此外还有固定窗、悬窗。

图 1-37　窗（一）

图 1-38　窗（二）

　　一幢房屋建筑除上述基本组成外，还有一些附属部分，如台阶、雨篷、雨水管、通风道、烟道、电梯、阳台、壁橱等配件和设施，可根据建筑的使用要求设置。组成房屋的各部分各自起着不同的作用，但归纳起来主要是两大类——承重构件和围护构件。

单元 1.2　建筑制图标准

本单元主要介绍《房屋建筑制图统一标准》GB/T 50001—2017 中的部分内容。通过本单元的学习与作业实践，使学生熟悉制图的基本知识，掌握建筑制图的国家标准绘图的基本方法和技能。

教学要求：

能力目标	知识要点	权重
(1)了解制图标准的主要内容； (2)了解图纸幅面、图框规格、标题栏和会签栏的有关规定； (3)掌握图线的线型、主要用途和画法； (4)按规范要求书写长仿宋体字、数字和常用字母； (5)了解建筑专业制图比例的概念和规定； (6)掌握尺寸标注的组成、基本规则及标注方法	制图标准；图纸幅面和标题栏的规格；图线的线型、主要用途和画法；汉字、数字和字母的写法；建筑专业制图比例选用的规定；尺寸标注的基本规则及标注方法	100%

建筑工程图是表达建筑工程设计意图的重要手段，是建筑工程造价确定，施工、监理、竣工验收的主要依据。为使建筑从业人员能够看懂建筑工程图，以及用图样来交流技术思想，就必须制定统一的制图规则作为制图和识图的依据。例如图幅大小、图线画法、字体书写、尺寸标注等。为此，国家制定了全国统一的建筑制图国家标准 6 个，其中《房屋建筑制图统一标准》GB/T 50001 是各相关专业的通用部分。除此以外还有《总图制图标准》GB/T 50103、《建筑制图标准》GB/T 50104、《建筑结构制图标准》GB/T 50105、《建筑给水排水制图标准》GB/T 50106 和《暖通空调制图标准》GB/T 50114。

1.2.1　图纸幅面和格式

1. 标准图幅

图纸幅面简称图幅。国家标准规定建筑工程图纸的幅面规格共有五种，从大到小的幅面代号为 A0、A1、A2、A3 和 A4，幅面的尺寸见表 1-1。

基本幅面及图框尺寸（mm） 表 1-1

尺寸代号 ＼ 幅面代号	A0	A1	A2	A3	A4
b/l	841×1189	594×841	420×594	297×420	210×297
c	10			5	
a	25				

注：表中 b 为幅面短边尺寸，l 为幅面长边尺寸，c 为图框线与幅面线间宽度，a 为图框线与装订边间宽度。

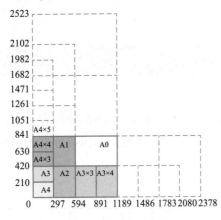

图 1-39　幅面尺寸图

从图纸的幅面尺寸可以看出，各幅面代号图纸的基本幅面的尺寸关系是，将上一幅面代号的图纸长边对裁，即为下一幅面代号图纸的大小，如图 1-39 所示。

长边作为水平边使用的图幅称为横式图幅，短边作为水平边的称为立式图幅。A0～A3 图幅宜横式使用，必要时立式使用；A4 只能立式使用。横式图幅及立式图幅如图 1-40 所示。

在确定一个工程设计所用的图纸大小时，每个专业所使用的图纸，一般不宜多于两种图幅。不含目录和表格所用的 A4 图幅。

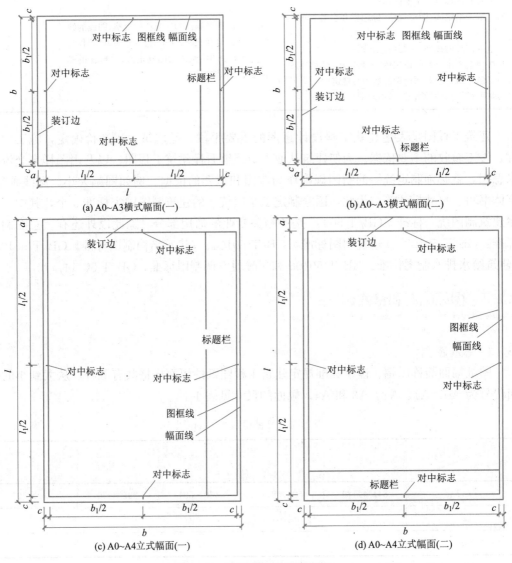

图 1-40　横式及立式图纸幅面

2. 标题栏和会签栏

每张图纸都应在图框的右方和下方设置标题栏（简称图标），位置如图 1-41 所示。图标应按图分区，根据工程需要选择其尺寸、格式及分区。

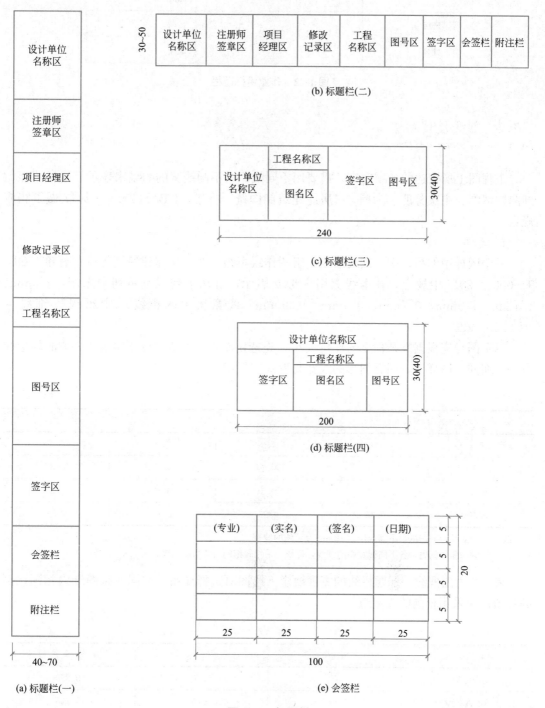

(a) 标题栏(一)

(b) 标题栏(二)

(c) 标题栏(三)

(d) 标题栏(四)

(e) 会签栏

图 1-41　标题栏

学校制图作业的标题栏可选用图 1-42 所示格式。制图作业不需要绘制会签栏。

(学校名称)	专业名称		图号	
			比例	
班级			日期	
姓名			成绩	

图 1-42　作业用标题栏

1.2.2　图线及其画法

工程图上所表达的各项内容，需要用不同线型、不同线宽的图线来表示，这样才能做到图样清晰、主次分明。为此，《房屋建筑制图统一标准》GB/T 50001—2017 做了相应规定。

1. 线宽

一个图样中的粗、中、细线形成一组叫作线宽组。在《房屋建筑制图统一标准》GB/T 50001—2017 中规定，基本线宽用字母 b 表示，宜从下列线宽系列中选用：2.0mm、1.4mm、1.0mm、0.7mm、0.5mm、0.35mm。线宽组中的粗线：中粗线：细线＝1：0.5：0.25。

每个图样应根据复杂程度与比例大小，先选定基本线宽 b，再选用表 1-2 中的相应线宽组。在同一图样中，同类图形的线宽与形式应保持一致。

线宽组（mm）　　　　　　　　　　　　　　　　　　　表 1-2

线宽比	线宽组			
b	1.4	1.0	0.7	0.5
$0.7b$	1.0	0.7	0.5	0.35
$0.5b$	0.7	0.5	0.35	0.25
$0.25b$	0.35	0.25	0.18	0.13

注：1. 需要缩数的图纸，不宜采用 0.18mm 及更细的线宽。

　　2. 同一张图纸内，各不同线宽中的细线，可统一采用较细的线宽组的细线。

表 1-3 为图框线、标题栏线的宽度要求，绘图时选择使用。在同一张图纸内相同比例的各图样应采用相同的线宽组。

图框线、标题栏线的宽度要求　　　　　　　　　　表 1-3

幅面代号	图框线	标题栏外框线对中标志	标题栏分格线
A0、A1	b	$0.5b$	$0.25b$
A2、A3、A4	b	$0.7b$	$0.35b$

2. 线型

建筑工程制图中的线型有实线、虚线、单点长画线、双点长画线、折断线和波浪线共六种。其中有的线型还分粗、中、细三种线宽。各种线型的规定及一般用途见表1-4。

线型 表1-4

名称		线型	线宽	用途
实线	粗		b	主要可见轮廓线
	中粗		$0.7b$	可见轮廓线、变更云线
	中		$0.5b$	可见轮廓线、尺寸线
	细		$0.25b$	图例填充线、家具线
虚线	粗		b	见各有关专业制图标准
	中粗		$0.7b$	不可见轮廓线
	中		$0.5b$	不可见轮廓线、图例线
	细		$0.25b$	图例填充线、家具线
单点长画线	粗		b	见各有关专业制图标准
	中		$0.5b$	见各有关专业制图标准
	细		$0.25b$	中心线、对称线、轴线等
双点长画线	粗		b	见各有关专业制图标准
	中		$0.5b$	见各有关专业制图标准
	细		$0.25b$	假想轮廓线、成型前原始轮廓线
折断线	细		$0.25b$	断开界线
波浪线	细		$0.25b$	断开界线

3. 图线的画法

（1）在绘图时，相互平行的两直线，其间隙不能小于粗线的宽度两倍，且不宜小于0.7mm。

（2）虚线线段长度和间隔，宜各自相等，一般虚线中实线段的长度宜为3～6mm，中间空隙宜为0.5～1mm；虚线与虚线相交或虚线与其他线相交时应交于线段处；虚线在实线的延长线上时，不能与实线连接。

（3）点画线的两端应为实线段，不应是点；点画线中实线段的长度一般为15～20mm，点与点画线之间的距离、点与点之间的距离以及点的长度宜为0.5～1mm；点画线之间或点画线与其他图线相交时应交于实线段处。在较小图形中，点划线绘制有困难时可用实线代替。

（4）图线不得与文字、数字、符号重叠或混淆，有冲突时，应保证文字等的清晰。

（5）折断线应通过被折断图形的全部，两端各超出2～3mm；波浪线宜徒手绘制。

图线画法举例见表1-5。

图线画法举例 表 1-5

名称	举例	
	正确	错误
两点画线相交		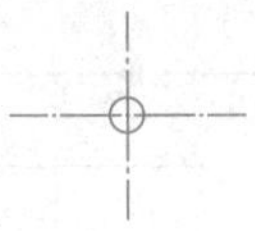
实线与虚线相交,两虚线相交		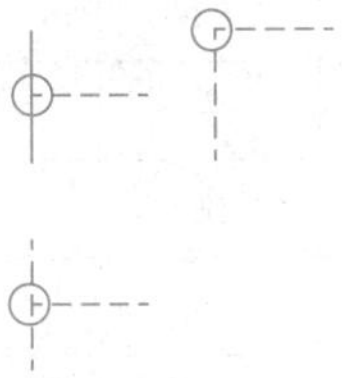
虚线为粗实线的延长线		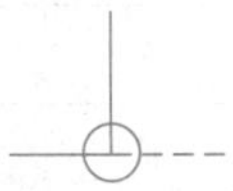

1.2.3 字体

　　字体是指图中文字、字母、数字的书写形式,用来说明图中物体的大小及施工技术要求等内容。这些字体的书写应笔画清晰、字体端正、排列整齐、间隔均匀,标点符号应清楚正确。

　　图纸中字体的大小应按图样的大小、比例等具体情况来选择。字高也称字号,常用的字高有 2.5mm、3.5mm、5mm、7mm、10mm、14mm、20mm,如 5 号字的字高为 5mm;汉字的最小高度为 3.5mm,字母和数字的最小高度为 2.5mm。

1. 汉字

　　图样及说明中的汉字宜采用长仿宋字,字高与宽度的比例为 $\sqrt{2}$,即字宽为字高的 2/3。常用的长仿宋字的字高与字宽见表 1-6。

长仿宋体的字高与字宽　单位:mm 表 1-6

字高	20	14	10	7	5	3.5
字宽	14	10	7	5	3.5	2.5

　　长仿宋字的书写要领是:横平竖直、注意起落、结构均匀、填满方格。

　　横平竖直:横笔基本要平,向少许向上倾斜 2°～5°。竖笔要直,笔画要刚劲有力。

　　注意起落:横、竖的起笔和收笔,撇、钩的起笔,钩折的转角等,都要顿一下笔,形成小三角形和出现字肩。撇、捺、挑、钩等的最后出笔应为渐细的尖角。以上这些字的写法都是长仿宋字的主要特征。几种基本笔画的写法见表 1-7。

　　结构均匀:笔画布局要均匀,字体的构架形态要中正疏朗、疏密有致。

仿宋字基本笔画　　　　　　　　　　　　　　　　　表 1-7

基本笔画	点	横	竖	撇	捺	挑	勾	折
形状	⺮	一	丨	ノ	乀	⺀	亅	乛
写法	⺮	一	丨	ノ	乀	⺀	亅	乛
字例	点溢	王	中	厂千	分建	均	才戈	国出

在写长仿宋字时应先打格（有时可在纸下垫字格）再书写，练写时用铅笔、钢笔或蘸笔，不宜用圆珠笔、签字笔。在描图纸上写字应用黑色墨水的钢笔或蘸笔。要想写好长仿宋字，平时就要多练、多看、多体会书写要领及字体的结构规律，持之以恒、必能写好。

2. 数字和字母

图纸中的数值应用阿拉伯数字书写，书写时应工整清晰，以免误读。书写前也应打格（按字高画出上下两条横线）或在描图纸下垫字格，便于控制字体的字高。阿拉伯数字、罗马数字、拉丁字母的示例见表 1-8。如需写成斜体字，其斜度应是从字的底线逆时针向上倾斜 75°。斜体字的字高与字宽和直体字相等。

常见字体示例　　　　　　　　　　　　　　　　　表 1-8

字体		示例
长仿宋体字	7 号	字体工整笔画清楚间隔均匀排列整齐
	5 号	字体工整笔画清楚间隔均匀排列整齐
拉丁字母	A 型字体 大写斜体(7 号)	ABCDEFGHIJKLMNOPQRSTUVWXYZ
	A 型字体 小写斜体(7 号)	abcdefghijklmnopqrstuvwxyz
阿拉伯数字	A 型字体 斜体(7 号)	1234567890
	A 型字体 直体(7 号)	1234567890

续表

字体	示例		
综合应用	$\sqrt{}$ $Ra12.5$	$\phi86^{+0.038}_{-0.056}$	$\phi25\dfrac{\text{H6}}{\text{m5}}$ $\quad R73$

1.2.4 比例和图名

1. 比例

图样的比例，应为图形与实物相对应的线性尺寸之比。线性尺寸是指直线方向的尺寸如长、宽、高尺寸等。所以，图样的比例是线段之比而非面积之比。

绘图所用的比例，应根据图样的用途与被绘对象的复杂程度从表 1-9 中选用，并优先采用常用比例。建筑专业制图选用比例宜符合表 1-10 的规定。一般情况下，一个图样应选用一种比例。根据专业制图需要，同一图样可选用两种比例。

绘图所用比例 表 1-9

常用比例	1：1、1：2、1：5、1：10、1：20、1：30、1：50、1：100、1：150、1：200、1：500、1：1000、1：2000
可用比例	1：3、1：4、1：6、1：15、1：25、1：40、1：60、1：80、1：250、1：300、1：400、1：600、1：5000、1：10000、1：20000、1：50000、1：100000、1：200000

建筑图常用比例 表 1-10

建筑的总平面图、平面图、立面图、剖面图	1：1000、1：500、1：200、1：100、1：50
建筑的局部放大图	1：50、1：20、1：10
构件及构造详图	1：50、1：20、1：10、1：5、1：2、1：1

如图 1-43 所示是同一扇门用不同比例画出的门的立面图。注意：无论用何种比例绘出的同一图形，所标的尺寸均应按实际尺寸标注，而不是图形本身的尺寸。

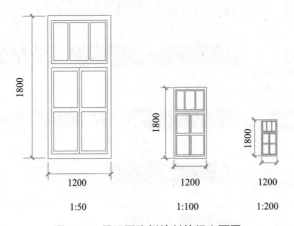

图 1-43　用不同比例绘制的门立面图

2. 图名

按制图规定，图名应用仿宋字书写在图样的下方，比例注写在图名的右侧。图名若为文字，则图名下方应用粗实线绘制图名线，比例的字高应比图名字号小 1～2 号，如图 1-44 所示。

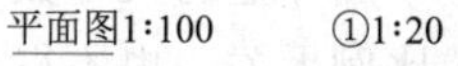

平面图1:100　　①1:20

图 1-44　图名和比例

1.2.5 尺寸标注

建筑工程图除了按一定比例绘制外，还必须注有详细、准确的尺寸才能全面表达设计意图，满足工程要求，才能准确无误地施工。所以，尺寸标注是一项重要的内容。

1. 尺寸的组成及标注要求

图样中的尺寸应整齐、统一，数字清晰、端正。尺寸标注由尺寸界线、尺寸线、尺寸起止符号、尺寸数字四部分组成，如图 1-45 所示。

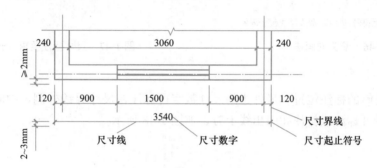

图 1-45　尺寸的组成和标注

（1）尺寸界线

尺寸界线用来限定所注尺寸的范围，采用细实线绘制，一般应与尺寸线垂直，同时也应与被注长度垂直。

为避免与图样上的线条混淆，其一端应离开图样不小于 2mm，另一端宜超出尺寸线 2～3mm。当连续标注时，中间的尺寸界线可稍短，但其长度应该相等。

图样轮廓线、定位轴线或中心线也可作为尺寸界线。

（2）尺寸线

尺寸线用来表示尺寸的方向，采用细实线绘制。尺寸线应与被标注长度平行，不宜超出尺寸界线。

图样中的任何线条都不能作为尺寸线。

图样轮廓线以外的尺寸线，距离图样的最外轮廓线之间的距离不小于 10mm，平行尺寸线之间的距离宜为 7～10mm。

（3）尺寸起止符号

尺寸起止符号用以表示尺寸的起止，应为中粗的斜短线，其倾斜方向应与尺寸界线成顺时针 45°角，长度宜为 2～3mm。

直径、角度与弧长的尺寸起止符号，宜用长箭头表示，箭头画法如图 1-46 所示。当相邻的尺寸界线间的间隔很小时，可以用小圆点代替。

（4）尺寸数字

图样上的尺寸数字是建筑施工的主要依据，为被标注长度的物体的实际大小，与采用的比例无关，也不得从图上直接量取。

在尺寸标注中数字应注写在水平尺寸线的上方中部，字头朝上；或竖向尺寸线的左方中部，字头朝左；如尺寸数字与线条冲突，应图线断开；如图 1-47 所示。

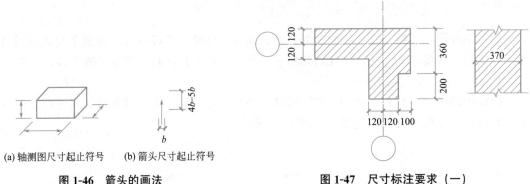

(a) 轴测图尺寸起止符号　　(b) 箭头尺寸起止符号

图 1-46　箭头的画法　　　　　　　**图 1-47　尺寸标注要求（一）**

当没有足够的标注位置，最外边的尺寸数字可标注在尺寸界线外侧，中间相邻的尺寸数字可上下错开标注或标注在引出线上方，如图 1-48 所示。

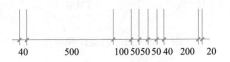

图 1-48　尺寸标注要求（二）

尺寸数字的方向，应按图规定的方向标注，尽量避免在图 1-49（a）所示的 30°范围内标注尺寸；当无法避免时，应按图 1-49（b）的形式标注。

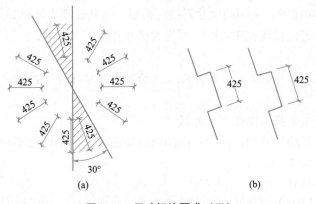

图 1-49　尺寸标注要求（三）

尺寸数字一般不注写单位。建筑制图中除总平面图采用的单位为米（m）以外，其余单位均为毫米（mm）。

2. 尺寸标注示例　常见尺寸标注见表 1-11。

常见尺寸标注形式　　　　　　　　　　　　　　　　表 1-11

内容	图例	说明
标注半径		半圆和小于半圆的弧一般标注半径,半径的尺寸线应一端从圆心开始,另一端画箭头指至圆弧。半径数字前应加注半径符号"R"
标注直径		圆和大于半圆的弧一般标注直径,直径数字前应加符号"ϕ",在圆内标注的直径尺寸应通过圆心,其两端箭头指至圆弧,较小的圆的直径尺寸可标注在圆外
标注圆球		标注球的半径时,应在尺寸数字前加注符号"SR";标注直径时,应在尺寸数字前加注符号"$S\Phi$"。其标注方法与圆弧半径和圆的直径的尺寸标注方法相同
标注角度		角度的尺寸线应用圆弧表示,圆弧的圆心为角度的顶点,角的两个边为尺寸界线。角度的起止符号应以箭头表示,如没有足够的位置画箭头,可以用小圆点代替。角度数字应水平方向标注

内容	图例	说明
标注弧长		标注圆弧的弧长时,尺寸线应用与该圆弧同心的圆弧线表示,尺寸界线应垂直于该圆弧的弦,起止符号应以箭头表示,弧线数字的上方应加注圆弧符号"⌒"
标注弦长		标注圆弧的弦长时,尺寸线应与平行于该弦的直线表示,尺寸界线应垂直于该弦,起止符号应用中短斜线表示
标注坡度		标注坡度时,在坡度数字下应加注坡度符号,坡度符号的箭头一般应指向下坡方向。坡度也可以用直角三角形标注
杆件或管线的长度		在单线图上,如桁架、钢筋、管线简图,可直接将尺寸数字沿杆件或管线一侧注写
连续的等长尺寸		连续排列的等长尺寸可以用"个数×等长尺寸=总长"的形式标注
相同要素尺寸标注		构配件内的构造要素(如孔、槽等)有相同处,可标注其中一个要素的尺寸,并在尺寸数字前注明个数

续表

内容	图例	说明
对称构件标注	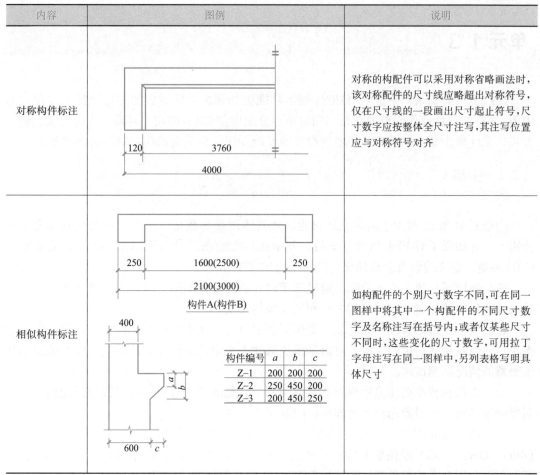	对称的构配件可以采用对称省略画法时，该对称配件的尺寸线应略超出对称符号，仅在尺寸线的一段画出尺寸起止符号，尺寸数字应按整体全尺寸注写，其注写位置应与对称符号对齐
相似构件标注		如构配件的个别尺寸数字不同,可在同一图样中将其中一个构配件的不同尺寸数字及名称注写在括号内;或者仅某些尺寸不同时,这些变化的尺寸数字,可用拉丁字母注写在同一图样中,另列表格写明具体尺寸

复习思考题

1. 建筑工程图的图纸幅面代号有哪些？图纸的长短边有怎样的比例关系？A2、A3的图幅尺寸是多少？

2. 图线有哪些线型？画各种线型的线段时有什么要求，相互交接有什么要求？

3. 长仿宋字有什么书写要领，字高和字宽有什么要求？

4. 什么是图样的比例，其大小指的是什么？

5. 尺寸标注是由哪些部分组成的，标注时应注意什么？

6. 什么情况下要注写直径？什么情况下注写半径？

7. 连续的等长尺寸是如何简化标注的？

8. 尺寸标注中有哪些注意事项？尺寸能否从图样上量取？

单元 1.3 中望 CAD2021 基础

经过多年的积累，中望 CAD2021 版，功能更加强大，使用更加方便快捷。本单元对中望 CAD 的新特性作简单的介绍，同时重点介绍中望 CAD 的用户界面、按键定义、输入方式、文件操作命令以及有关环境的设置等基础知识，为后面的学习奠定必要的基础。

1.3.1 中望 CAD 新特性

中望 CAD2021 增加了诸多全新功能，尤其体现在参数化绘图方面和某些具体命令的使用上，并加强了对 PDF 格式的支持。其中在二维绘图设计方面包括：可以按需求定义 CAD 环境。定义的设置会自动保存到一个自定义工作空间。

（1）新增了参数化绘图功能。通过基于设计意图约束图形对象，提高设计效率。几何及尺寸约束能够让对象间特定的关系和尺寸保持不变。

（2）增强了编辑修改标注功能，提供了更多对尺寸文本的显示和位置的控制功能。动态块对几何及尺寸约束的支持，可以基于块属性表来驱动块尺寸，甚至在不保存或退出块编辑器的情况下测试块。

（3）查找和替换功能使用户能够定位到一个高亮的文本对象，可以快速创建包含高亮对象的选择集。子对象选择过滤器可以限制子对象选择为面、边或顶点。

（4）PDF 输出提供了灵活、高质量的输出。可以通过与附加其他的外部参照（如 DWG、DWF、DGN 及图形文件）一样的方式，在中望 CAD 图形中附加一个 PDF 文件，甚至可以利用熟悉的对象捕捉来捕捉 PDF 文件中几何体的关键点。

（5）参照工具能够让用户附加和修改任何外部参照文件，包括 DWG、DWF、DGN、PDF 或图片格式。提供了更加强大和灵活的填充功能，可以通过夹点编辑非关联填充对象。升级了 Ribbon 功能，增强了快速访问工具栏的功能，对工具的访问变得更加灵活和方便。

（6）多引线提供了更多的灵活性，可以对多引线的不同部分设置属性，对多引线的样式设置垂直附件等。

（7）可以在中望 CAD 颜色索引器里更容易地找到颜色，甚至可以在层下拉列表中直接改变层的颜色。

（8）新增的反转工具可以反转直线、多段线、样条线和螺旋线的方向。

（9）样条线和多段线编辑工具可以把样条线转换为多段线。

（10）清理工具包含了一个清理 0 长度几何体和空文本对象的选项。

（11）文件浏览对话框（如打开和保存）在输入文件名的时候支持自动完成。

（12）3D 打印功能可以通过互联网的连接来直接输出 3D AutoCAD 图形到支持 STL 的打印机。

（13）动作宏包含了一个新的动作宏管理器，一个基点选项和合理的提示。

1.3.2 启动中望 CAD2021

启动中望 CAD 2021：可以通过双击桌面上的中望 CAD 2021 图标或从"开始"→"程序"→"ZWSOFT"→"ZWCAD 2021 简体中文"。

"中望 CAD 2021"菜单中点取相应的图标，还可以通过"我的电脑"打开相应的文件夹，找到中望 CAD 2021 中文版安装的目录，双击 ACAD. EXE 程序。

初次启动中望 CAD 2021 中文版后，则进入"激活"对话框，如图 1-50 所示。

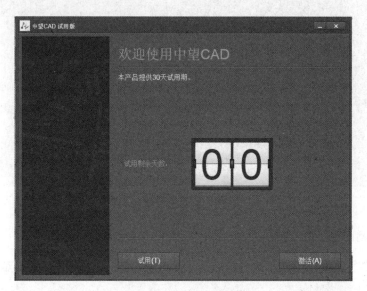

图 1-50 "激活"对话框

在该对话框中，用户可以选择试用、激活设置。如图 1-51 为激活界面。

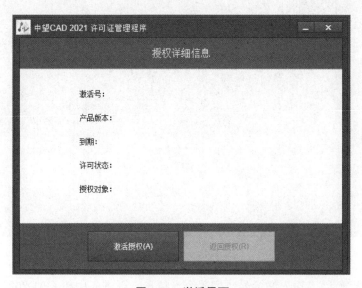

图 1-51 激活界面

建筑识图

单击"激活授权"按钮,进行激活号输入,如图 1-52 所示。

图 1-52 激活号

单击"激活号激活",选择"在线激活",如图 1-53、图 1-54 所示。

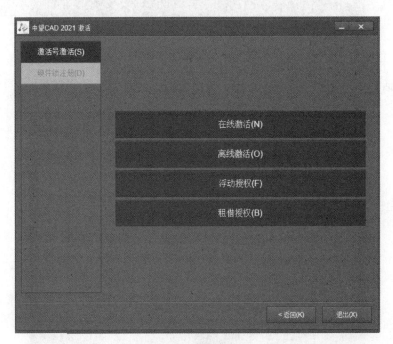

图 1-53 激活号输入

点击"在线激活",输入激活号,完善个人信息,则进入中望 CAD2021 主界面。

028

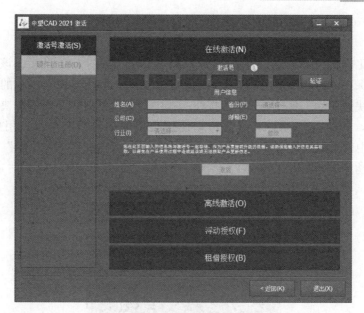

图 1-54　在线激活

1.3.3　中望 CAD2021 界面介绍

中望 CAD2021 中文版的绘图界面是主要的工作界面，也是熟练使用中望 CAD2021 版所必须熟悉的。中望 CAD2021 中文版的绘图界面如图 1-55 所示。

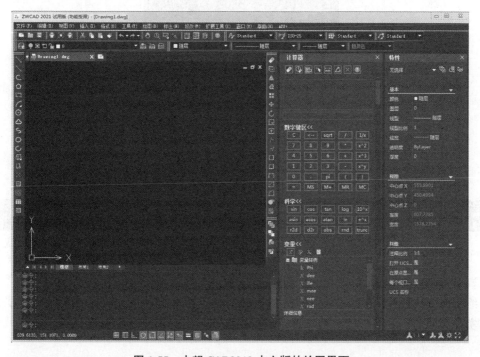

图 1-55　中望 CAD2010 中文版的绘图界面

中望 CAD2021 中文版的绘图界面主要包含以下几个部分：

1. 快速访问工具栏

快速访问工具栏位于中望 CAD2021 窗口的左上角，如图 1-56 所示。该工具栏包含了新建、打开、保存、打印等按钮。单击右侧的下拉箭头，弹出如图 7 所示的下拉菜单，用户可以选择在快速访问工具栏中显示的按钮。选中"显示菜单栏"则将在快速访问工具栏下显示菜单行，如图 1-57 所示，这对习惯使用菜单的用户很有帮助。用户也可以通过〈Alt〉＋菜单中带下画线的字母访问菜单命令。选择"在功能区下方显示"则将快速访问工具栏移动到功能区的下方。

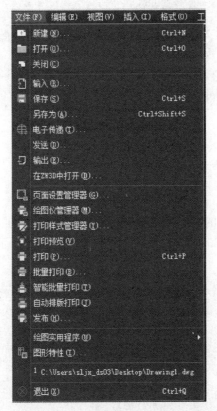

图 1-56　快速访问工具栏

图 1-57　显示菜单栏

2. 绘图区

绘图区是中望 CAD2021 界面中间最大的一块空白区域。用于显示编辑的图形。绘图区其实是无限大的，可以配合使用显示缩放命令来放大或缩小显示图形。

3. 命令窗口

命令窗口即命令提示行。对初学者而言，该窗口尤其重要。中望 CAD 是交互式绘图软件，用户给中望 CAD 下达的命令以及执行命令需要提供的参数提示信息均通过命令窗口显示出来，操作者应该按照该提示响应中望 CAD 的要求，才能保证命令的顺利完成。

用户也可通过剪切、复制和粘贴功能将历史命令窗口来重复执行以前的命令。

4. 应用程序状态栏

应用程序状态栏在中望 CAD 窗口的下方。该状态栏对精确绘图非常重要。一般绘图时常用的设置开关等工具就在其中。该状态栏可显示光标的坐标值、绘图工具、导航工具以及用于快速查看和注释缩放的工具。用户可以以图标或文字的形式查看图形工具按钮。通过捕捉工具、极轴工具、对象捕捉工具和对象追踪工具的快捷菜单，用户可以轻松更改这些绘图工具的设置。

图 1-58　应用程序状态栏　　　　　　　　　　图 1-59　辅助绘图开关

应用程序状态栏如图 1-58 所示，左边显示了光标的当前信息。当光标在绘图区时显示其坐标，显示坐标的右侧是各种辅助绘图状态，如图 1-59 所示。这些开关用于精确绘图中对对象上特定点的捕捉、定距离捕捉、捕捉某设定角度上的点、显示线宽及在模型空间和图纸空间转换等。由于以上的辅助绘图功能使用非常频繁，所以设定成随时可以观察和改变的状态。

辅助绘图开关是常用开关，其状态可用鼠标单击相应按钮改变或用鼠标右键单击后选择"开/关"实现，也可以使用快捷键改变开关状态。开关打开时成淡蓝色，关闭时成灰色。

1.3.4　中望 CAD2021 中文版基本操作

1. 按键定义

在中望 CAD2021 中定义了不少功能键和热键。通过这些功能键或热键，可以快速执行制定命令。熟悉功能键和热键，可以简化不少操作。中望 CAD2021 中预定义的部分功能键见表 1-12。

常用功能键定义　　　　　　　　　　　　　　　　　　　　　　　　表 1-12

名称	功能	名称	功能	名称	功能
Ctrl+A	对象编组的开关键	Ctrl+J	重复执行操作键	Ctrl+S	保存图形文件
Ctrl+B	网络捕捉控制开关	Ctrl+K	超级链接键	Ctrl+T	控制数字化仪
Ctrl+C	复制对象到 Windows 剪贴板	Ctrl+L	正交开关控制键	Ctrl+U	极轴模式控制键
Ctrl+D	动态坐标开关键	Ctrl+M	重复执行操作键	Ctrl+V	插入 Windows 剪贴板上内容
Ctrl+E	轴测平面切换开键	Ctrl+N	创建新的图形文件	Ctrl+W	追踪模式控制键
Ctrl+F	自动捕捉开关控制	Ctrl+O	打开已有图形文件	Ctrl+X	剪切对象到 Windows 剪贴板
Ctrl+G	网格显示开关控制	Ctrl+P	打印图形文件	Ctrl+Y	恢复刚取消的操作
Ctrl+H	回车键	Ctrl+Q	系统退出	Ctrl+Z	取消上一步的操作

2. 命令输入方式

下面介绍鼠标、键盘以及菜单、按钮等功能和使用方法。

（1）鼠标输入命令

1）鼠标左键

在不同的位置和场合鼠标指针呈现的形状不同，也意味着功能的不同。当鼠标移到绘图区以外的地方，鼠标指针变成一空心箭头，此时可以用鼠标左键选择命令或移动滑块或选择命令提示区中的文字等。在绘图区，当光标呈十字形时，可以在屏幕绘图区按下左键，相当于输入该点的坐标；当光标呈小方块时，可以用鼠标左键选取实体。

2）鼠标右键

在不同的区域用鼠标右键单击，弹出不同的快捷菜单。图 1-60 列出了部分常用的右键菜单。如〈Shift〉键＋鼠标右键，打开"对象捕捉"快捷菜单（图 1-61）。

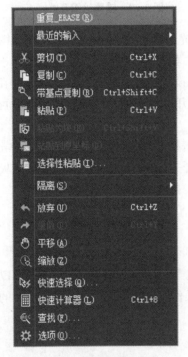

图 1-60　绘图区

图 1-61　〈Shift〉＋鼠标右键

（2）键盘输入命令

所有的命令均可以通过键盘输入（不分大小写）。对一些不常用的命令，如果在打开的选项卡、面板、工具栏或菜单中找不到，可以通过键盘直接输入命令。对命令提示中必须输入的参数，较多的是通过键盘输入。

部分命令通过键盘输入时可以缩写，此时可以只键入很少的字母即可执行该命令。如"Circle"命令的缩写为"C"（不分大小写）。用户可以定义自己的命令缩写。

在大多数情况下，直接键入命令会打开相应的对话框。如果不想使用对话框，可以在命令前加上"－"，如"－Layer"，此时不打开"图层特性管理器"对话框，而是显示等价的命令行提示信息，同样可以对图层特性进行设定。

（3）选项卡和面板输入命令

利用选项卡和面板输入命令是最直观的输入方式。在中望 CAD 默认界面的上方占据较大区域的是选项卡及其按钮，在其下面有面板和控制面板展开的箭头。

单击选项卡或面板中的按钮，即执行相应的命令。如果需要了解某命令的解释，则将鼠标悬停于按钮之上，稍等即可。

（4）菜单输入命令

通过鼠标左键在主菜单中点取下拉菜单，再移动到相应的菜单条上点取对应的命名。如果有下一级子菜单（一向右的三角箭头），则移动到菜单条后略停顿，自动弹出下一级子菜单，移动光标到对应的命令上点取即可。

如果使用快捷菜单，用鼠标右键单击弹出快捷菜单，移动鼠标到对应的菜单项上点取即可。

通过快捷键输入菜单命令，可用〈Alt〉键和菜单中的带下画线字母或光标移动键选择菜单条和命令按〈Enter〉键即可。

3. 命令的中断、重复、撤销、重做

中断、重复、撤销或重做某一条命令是经常碰到的。在中望 CAD 中完成命令的重复、撤销、重做、中断非常容易。

（1）命令的中断

1）用户可以按〈Esc〉键或〈Ctrl〉＋〈Break〉组合键、〈Ctrl〉＋〈［〉组合键、〈Ctrl〉＋〈\〉组合键中断正在执行的命令，如取消对话框，废除一些命令的执行（个别命令例外）。命令中断时，以及产生效果的部分不会被撤销。例如，执行画线命令已经绘制了连续的几条线，再按〈Esc〉键，此时中断画线命令，不再继续，但已经绘制好的线条被保留。

2）连续按两次〈Esc〉键可以终止绝大多数命令的执行，回到"命令:"提示状态。编程时，往往要使用^C^C 两次。连续按两次〈Esc〉键也可以取消夹点编辑方式显示的夹点。

（2）命令的重复

命令的重复执行有下列方法：

1）按〈Enter〉键或空格键可以快速重复执行上一条命令。

2）在绘图区用鼠标右键单击选择"重复 XXX 命令"执行上一条命令。

3）在命令窗口或文本窗口中用鼠标右键单击，在弹出的快捷菜单中选择"近期使用的命令"，可选择最近执行的 6 条命令之一重复执行。

4）在命令窗口中键入"MULTIPLE"，在下一个提示后输入要执行的命令，将会重复执行该命令直到按〈Esc〉键为止。

4. 坐标输入

通过键盘可以精确输入坐标。输入坐标时，一般显示在命令提示行。如果动态输入开关打开，可以在图形上的动态输入文本框中键入数值，通过〈Tab〉键在字段之间切换。键盘输入坐标常用的方法有以下几种：

（1）直角坐标

1）绝对直角坐标：输入点的（X，Y，Z）坐标，绘制二维图形时，Z 坐标可以省略。

如另存为"10，20"指点的坐标为（10，20，0）。

2）相对直角坐标：输入相对坐标；必须在前面加上"@"符号，如"@10，20"指该点相对于当前点，沿 X 方向移动10，沿 Y 方向移动20。

（2）极坐标

1）绝对极坐标：给定距离和角度，在距离和角度中间加一"〈"符号表示方向，且规定 X 轴正向0°，Y 轴正向90°。如"20〈30"指距原点20，方向30°的点。

2）相对极坐标：在极坐标距离前加"@"符号，如"@20〈30"，指输入的点距上一点的距离为20，和上一点的连线与 X 轴成30°。

如果通过鼠标指定坐标，只需在对应的坐标点上拾取即可。为了准确得到拾取点，应该配合对象捕捉工具完成。

如图 1-62 所示，表达了四种坐标定义。

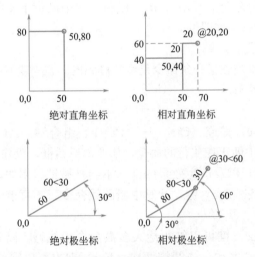

图 1-62　四种坐标定义

5. 绘图环境设置

绘图环境的设置是否合适（如图形单位精度、屏幕显示颜色、对象捕捉模式等），影响到图形的格式是否统一、界面是否友善、操作以及管理是否方便等。

下面介绍图形环境设置方面的知识，其中包括了绘图界限、单位、捕捉模式、图层、颜色、线型、线宽、草图设置、选项设置等。

（1）图形界限

顾名思义，图形界限是定义绘制图形的范围，相当于手工绘图时图纸的大小。合适的图形界限，有利于确定绘制图形的大小、比例、视图之间的距离，有利于检查图形是否超出"图框"。

图形界限的设定，并不能限制图形绘制的范围。用户仍可以在"图框"外绘图同样可以输出超出"界限"的图形。

命令：LIMITS。

输入该命令后，系统会给出以下提示。

命令：'_limits

重新设置模型空间界限：

指定左下角点或［开（ON）/关（OFF）］〈0.0000，0.0000〉：

27.00

指定右上角点〈420.0000，297.0000〉：

其中参数的用法如下。

指定左下角点：定义图形界限（矩形范围）的左下角点。

指定右上角点：定义图形界限的右上角点。

开（ON）：打开图形界限检查。如果打开了图形界限检查，系统不接受设定的图形界限之外的点输入，但对具体的情况检查的方式不同。例如，对于直线，如果有任何一点在界限之外，均无法绘制该直线；对圆、文字而言，只要圆心、起点在界限范围之内即可，甚至对于单行文字，只要定义的文字起点在界限之内，实际输入的文字不受限制；对于编辑命令，拾取图形对象的点不受限制，除非拾取点同时作为输入点；否则，界限之外的点无效。

关（OFF）：关闭图形界限检查。

设置绘图界限为宽 297，高 210，通过栅格显示该界限。

命令：limits〈Enter〉

重新设置模型空间界限：

指定左下角点或［开（ON）/关（OFF）］〈0.0000，0.0000〉：〈Enter〉

指定右上角点〈421.0000，297.0000〉：297，210〈Enter〉

一般立即执行 ZOOMA 命令使整个界限显示在屏幕上。

命令：Z00m〈Enter〉

指定窗口的角点，输入比例因子（nX 或 nXP），或者

［全部（A）/中心（C）/动态（D）/范围（E）/上一个（P）/比例（S）/窗口（W）/对象（o）］＜实时＞：a〈Enter〉

正在重生成模型

命令：按〈F7〉键

〈栅格　开〉

（2）单位

对任何图元而言，总有其大小、精度以及采用的单位。AutoCAD 中，在屏幕上显示的只是屏幕单位，屏幕单位也会对应一个真实的单位。不同的单位其显示格式各不相同。单位包括长度和角度，角度单位可以设置其类型、精度和方向。下面介绍单位设定或修改的方法。

命令：UNITS。

功能区：快速访问工具栏图形→实用工具→单位。

执行该命令后，弹出如图 1-63 所示的"图形单位"对话框。

该对话框中包含长度、角度、插入时的缩放单位、输出样例和光源 5 个区。另外有 4

个按钮。

1)"长度"区：设定长度的单位类型及精度。

类型：通过下拉列表框，可以选择长度单位的类型。用户可根据需要在分数、工程、建筑、科学、小数中选择其一。

精度：通过下拉列表框，可以选择长度精度。不同的类型，精度形式不同。

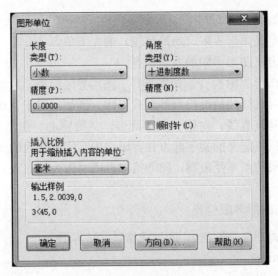

图 1-63　图形单位

2)"角度"区：设定角度单位的类型和精度。

类型：通过下拉列表框，可以选择角度单位的类型。十进制度数以十进制数表示。百分度附带一个小写 g 后缀，弧度附带一个小写 r 后缀。度/分/秒格式用 d 表示度，用′表示分，用″表示秒，勘测单位以方位表示角度，N 表示正北，S 表示正南，E 表示正东，W 表示正西，度/分/秒表示从正北或正南开始的偏角的大小。此形式只使用度/分/秒格式来表示角度大小，且角度值始终小于 90°。

精度：通过下拉列表框，可以选择角度精度。

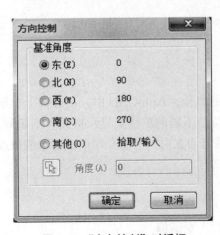

图 1-64　"方向控制"对话框

顺时针：控制角度方向的正负。选中该复选框时，顺时针为正；否则，逆时针为正。默认逆时针为正。

3)"插入时的缩放单位"区：控制当插入一个块时，其单位如何换算，可以通过下拉列表框选择一种单位。

4)"输出样例"区：显示用当前单位和角度设置的例子。

5)"光源"区：用于指定光源强度的单位，可以在"国际、美国、常规"中选择其一。

6)"方向"按钮：设定角度方向。单击该按钮后，弹出如图 1-64 所示"方向控制"对话框。

对话框中可以设定基准角度方向，默认 0°为东的方向。如果要设定除东、南、西、北4 个方向以外的方向作为 0°方向，可以点取"其他"单选按钮，此时下面的"拾取"和"输入"角度项为有效，用户可以点取"拾取"按钮，进入绘图界面点取某方向作为 0°方向或直接键入某角度作为 0°方向。

（3）捕捉和栅格

捕捉是一种精确绘图工具，栅格类似于标尺、网格的功能。捕捉可以按照设定间隔捕捉到特定的点。栅格是在屏幕上显示出来的具有指定间距的点，这些点只是绘图时提供一种参考作用，其本身不是图形的组成部分，也不会被输出。栅格设定太密时，将无法在屏幕上显示出来。可以设定捕捉点为栅格点。

命令：DSETTINGS。

状态栏：在应用程序状态栏中用鼠标右键单击"栅格""捕捉"等按钮，选择快捷菜单中的"设置"。

执行该命令后，弹出如图所示"草图设置"对话框。其中第一个选项卡即"捕捉和栅格"选项卡。

该选项卡中包含了以下几个区：捕捉间距、栅格间距、极轴间距、捕捉类型、栅格行为。

启用捕捉：设置是否打开捕捉功能。启用栅格：设置是否打开栅格显示。捕捉间距。

- 捕捉 X 轴间距：设定捕捉在 X 方向上的间距。
- 捕捉 Y 轴间距：设定捕捉在 Y 方向上的间距。
- X 轴间距和 Y 轴间距相等：设定两间距相等。

1）栅格间距。

- 栅格 X 轴间距：设定栅格在 X 方向上的间距。
- 栅格 Y 轴间距：设定栅格在 Y 方向上的间距。
- 每条主线之间的栅格数：制定主栅格相对于次栅格线的频率。

2）极轴间距。

- 极轴间距：设定在极轴捕捉模式下的极轴间距。在"捕捉类型"区选择"PolarSnap"（极轴捕捉）时，该项可设。如果该值为 0，则 PolarSnap 距离采用"捕捉 X 轴间距"的值。"极轴间距"设置与极坐标追踪和/或对象捕捉追踪结合使用。如果两个追踪功能功能都未启用，则"极轴距离"设置无效。

3）捕捉类型。

- 栅格捕捉：设定成栅格捕捉，分成矩形捕捉和等轴测捕捉两种方式。
- 矩形捕捉：X 和 Y 成正交的捕捉格式。
- 等轴测捕捉：设定成正等轴测捕捉方式。

在等轴侧捕捉模式下，可以通过〈F5〉键或〈Ctrl〉＋〈D〉组合键在 3 个轴侧平面之间切换。

- PolarSnap：设定成极轴捕捉模式，点取该项后，极轴间距有效，而捕捉间距区无效。

4）栅格行为。

- 自适应栅格：设置成允许以小于栅格间距的距离再拆分。

• 显示超出界限的栅格：设置是否显示超出界限部分的栅格。一般不显示，则表示屏幕上有栅格点的部分为界限内的范围。

• 遵循动态 UCS：设置栅格是否跟随动态 UCS（用户坐标系统）。

5）"选项"按钮：单击该按钮，将弹出"选项"对话框。

（4）极轴追踪

利用极轴追踪可以在设定的机轴角度上根据提示精确移动光标。极轴追踪提供了一种拾取特殊角度上点的方法。

命令：DSETTINGS。

状态栏：在状态栏中用鼠标右键单击"极轴追踪"等按钮选择"设置"。

同样，执行该命令后弹出"草图设置"对话框。在"草图设置"对话框中选择"极轴追踪"选项卡。如图 1-65 所示。

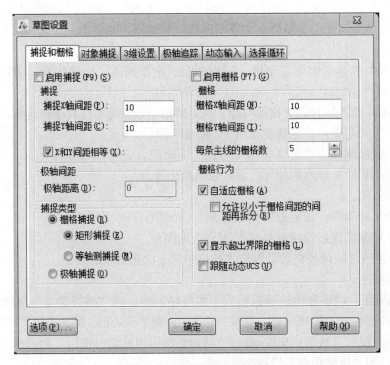

图 1-65 "草图设置"对话框

该选项卡中包含了"启用极轴追踪"复选框、"极轴角设置"区、"对象捕捉追踪设置"区和"极轴角测量"区。

1）"启用极轴追踪"复选框：该复选框控制在绘图时是否使用极轴追踪。

2）"极轴角设置"区。

• 增量角：设置角度增量大小。通过下拉列表选择预设角度，也可以键入新的角度。绘图时，当光标移到设定的角度及其整数倍角度附近时，自动被"吸"过去并显示极轴和当前方位。

• 附加角：该复选框设定是否启用附加角。附加角和角增量不同，在极轴追踪中会捕捉角增量及其整数倍角度，并捕捉附加角设定的角度，但不一定捕捉附加角的整数倍角度。如设定了增量角为 45°，附加角为 30°，则自动捕捉的角度为 0°、45°、90°、135°、180°、225°、270°、315°以及 30°，不会捕捉 60°、120°、240°、300°。

- "新建"按钮：单击该按钮，新增一附加角。
- "删除"按钮：单击该按钮，删除一选定的附加角。

3）"对象捕捉追踪设置"区。

- 仅正交追踪：仅仅在对象捕捉追踪时采用正交方式。
- 用所有极轴角设置追踪：在对象捕捉追踪时采用所有极轴角。

4）"极轴角测量"区。

- 绝对：设置极轴角为绝对角度。在极轴显示时有明确的提示。
- 相对上一段：设置极轴角为相对于上一段的角度。在极轴显示时有明确的提示。

注意：

极轴追踪模式和正交模式不可同时打开。打开正交模式会自动关闭极轴追踪模式。

（5）对象捕捉

绘制的图形各组成元素之间一般不会是孤立的，而是相互关联的。除了其本身大小形状外，和其他图线的相对位置的确定也同样重要。例如一矩形和一个圆，如果圆心在矩形的左上角顶点上，在绘制圆时，必须以矩形的该顶点为圆心来绘制。如果矩形已经绘制好，此时就应采用捕捉矩形顶点方式来精确定位圆心点。以此类推，几乎在所有的图形中，都会频繁涉及对象捕捉，其实也就是对象上指定点的捕捉。

不同的对象根据其特性，捕捉模式也不同。对象捕捉模式设置方法如下。

命令：DSETTINGS、OSNAP。

状态栏：在状态栏中用鼠标右键单击"对象捕捉"等按钮选择快捷菜单中的"设置"，在"草图设置"对话框中的"对象捕捉"选项卡如图 1-66 所示。

"对象捕捉"选项卡中包含了"启用对象捕捉""启用对象捕捉追踪"两个复选框以及"对象捕捉模式"区。

启用对象捕捉：控制是否启用对象捕捉。

启用对象捕捉追踪：控制是否启用对象捕捉追踪。对象捕捉追踪不是直接捕捉对象上的点，而是捕捉和多个特性点有关的点。

- 端点（ENDpoint）：捕捉直线、圆弧、多段线、填充直线、填充多边形等端点，拾取点靠近哪个端点，即捕捉该端点。
- 中点（MIDpoint）：捕捉直线、圆弧、多段线的中点。对于参照线，"中点"将捕捉指定的第一点（根）。当选择样条曲线或椭圆弧时，"中点"将捕捉对象起点和端点之间的中点。
- 圆心（CENter）：捕捉圆、圆弧或椭圆弧的圆心，拾取时光标可以位于圆、圆弧、椭圆弧上也可以直接在其圆心上，要注意相应提示。
- 节点（NODe）：捕捉点对象以及尺寸的定义点。块中包含的点可以用做快速捕捉点。
- 插入点（INSertion）：捕捉块、文字、属性、形、属性定义等插入点。
- 象限点（QUAdrant）：捕捉到圆弧、圆或椭圆上最近的象限点（0°、90°、180°、270°点）。

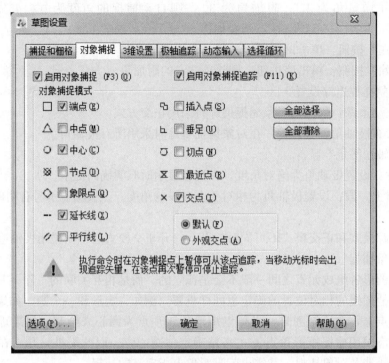

图 1-66 "对象捕捉" 对话框

• 交点（INTersection）：捕捉两图元的交点，这些图元包括圆弧、圆、椭圆、椭圆弧、直线、多线、多段线、射线、样条曲线或参照线。"交点"可以捕捉面域或曲线的边，但不能捕捉三维实体的边或角点。块中交点同样可以捕捉，如果块以一致的比例进行缩放，可以捕捉块中圆弧或圆的交点。

• 延长线（EXTension）：可以使用"延伸"对象捕捉"延伸"直线和圆弧，与"交点"或"外观交点"一起使用"延伸"，可以获得延伸交点。使用"延伸"，在直线或圆弧端点上暂停后将显示小的加号（＋），表示直线或圆弧已经选定，可以用于延伸。沿着延伸路径移动光标将显示一个临时延伸路径。如果"交点"或"外观交点"处于"开"状态，就可以找出直线或圆弧与其他对象的交点。

• 垂足（PERpendicular）："垂足"可以捕捉到与圆弧、圆、参照、椭圆、椭圆弧、直线、多线、多段线、射线、实体或样条曲线正交的点，也可以捕捉到对象的外观延伸垂足，所以最后垂足未必在所选对象上。当用"垂足"指定第一点时，CAD 将提示指定对象上的一点。当用"垂足"指定第二点时，CAD 将捕捉刚刚指定的点以创建对象或对象外观延伸的一条垂线。如果"垂足"需要多个点以创建垂直关系，CAD 显示一个递延的垂足自动捕捉标记和工具栏提示，并且提示输入第二点。

• 外观交点（APParent Intersection）：和交点类似的设定。捕捉空间两个对象的视图交点，注意在屏幕上看上去"相交"，如果所在平面不同，这两个对象并不真正相交。采用"交点"模式无法捕捉该"交点"。如果要捕捉该点，应该设定成"外观交点"。

• 快速（QUIck）：当用户同时设定了多个捕捉模式，如交点、中点、端点、垂足等时，捕捉发现的第一个点。该模式为中望 CAD 设定的默认模式。

　　• 无（NONe）：不采用任何捕捉模式，一般用于临时覆盖捕捉模式。

　　• 切点（TANgent）：捕捉与圆、圆弧、椭圆相切的点。如采用 TTT、TTR 方式绘制圆时，必须和已知的直线或圆、圆弧相切。如绘制一直线和圆相切，则该直线的上个端点和切点之间的连线和圆相切。对于块中的圆弧和圆，如果块以致的比例进行缩放并且对象的厚度方向与当前 UCS 平行，也可以使用切点捕捉模式。对于样条曲线和椭圆，指定的另一个点必须与捕捉点处于同一平面。如果"切点"对象捕捉需要多个点建立相切的关系，中望 CAD 显示一个递延的自动捕捉"切点"标记和工具栏提示，并提示输入第二点。要绘制与两个或三个对象相切的圆，可以使用递延的"切点"创建两点或三点圆。

　　• 最近点（NEArest）：捕捉该对象上和拾取点最靠近的点。

　　• 平行线（PARallel）：绘制直线段时应用"平行"捕捉以便绘制平行线。先指定直线的"起点"，选择"平行"对象捕捉（或将"平行"对象捕捉设置为执行对象捕捉），然后移动光标到想与之平行的对象上，随后将显示小的平行线符号，表示此对象已经选定。再移动光标，在接近与选定对象平行时自动"跳到"平行的位置。该平行对齐路径以对象和命令的起点为基点。可以与"交点"或"外观交点"对象捕捉一起使用"平行"捕捉，从而找出平行线与其他对象的交点。

　　（6）颜色

　　在中望 CAD 中可以赋予图线指定的颜色，不仅美观，更重要的是可以通过颜色进行分类管理，甚至在过滤对象时可以指定选择某种颜色的图线。

　　赋予图案颜色有两种思路：一种是直接指定颜色；另一种是设定颜色成"随层"或"随块"。直接指定颜色简单方便，但有一定的局限性，容易造成混乱，不如使用图层来管理更规范，所以建议用户在图层中管理颜色。

　　命令：COLOR、COLOUR。

　　功能区："常用"选项卡中"特性"面板上"对象颜色"下拉列表。

　　选项板：在"特性"选项板中"颜色"选项或者在"图层特性管理器"选项板中单击颜色色块。单击"选择颜色"，弹出如图 1-67 所示"选择颜色"对话框。

　　选择颜色的方法有：直接任对应的颜色小方块上点取或双击，也可以在颜色文本框中键入英文单词或颜色的编号，在随后的预览方块中会显示相应的颜色。另外，还可以设定成"随层"（ByLayer）或"随块"（ByBlock）。如果在绘图时直接设定了颜色，则无论该图线在什么层上，都具有设定的颜色。如果设定成"随层"或"随块"，则图线的颜色为所在层的颜色或随插入块中图线的相关属性而变。

　　（7）线型

　　线型是图样基本属性之一，在不同的行业不同的线型都表示了不同的含义。例如在机械图中，粗实线表示可见轮廓线，虚线表示不可见轮廓线，点画线表示中心线、轴线、对称线等。所以，应该合理使用图线的线型。

　　中望 CAD 的线型库中保存有大量的常用线型定义。用户只需加载即可直接使用。

　　命令：LTYPE、LINETYPE。

　　功能区："常用"选项卡中"特性"面板上"对象线型"下拉列表。

　　选项板：在"特性"选项板中"常规"下的"线型"选项或者在"图层特性管理器"

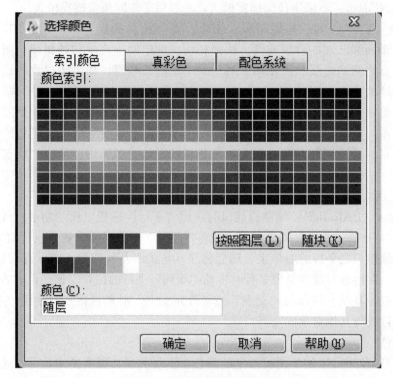

图 1-67　"选择颜色"对话框

选项板中单击线型图标。

　　用户可以直接选择加载的线型，如果选择"其他"则弹出如图 1-68 所示的"线型管理器"对话框。

　　该对话框中的列表显示了目前已加载的线型，包括线型名称、外观和说明。另外，还有线型过滤器区，"加载""删除""当前"及"显示细节"按钮。"详细信息"区是否显示可通过"显示细节"或"隐藏细节"按钮来控制。

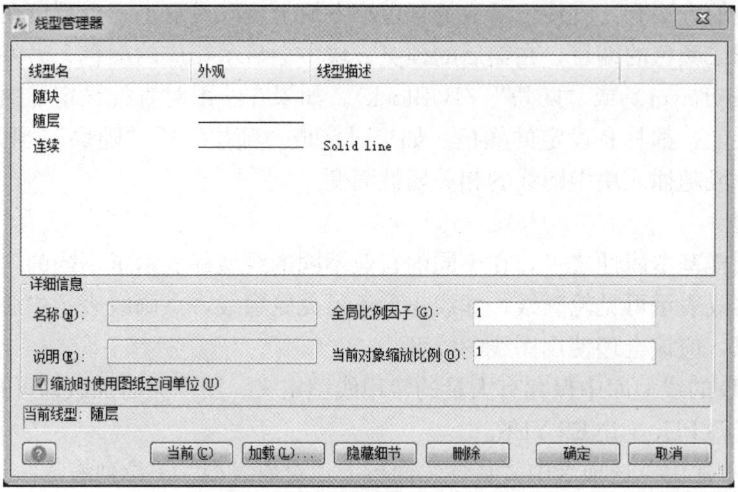

图 1-68　"线型管理器"对话框

1）"线型过滤器"区。

• 下拉列表框：过滤出列表显示的线型。

• 反向过滤器：按照过滤条件反向过滤线型。

2）"加载"按钮：加载或重载指定的线型。如图 1-69 所示，在"加载"对话框中选择需要加载的线型。

在该对话框中可以选择线型文件以及该文件中包含的需要加载的线型。

3）"删除"按钮：删除指定的线型，该线型必须不被任何图元所依赖，即图样中没有使用该种线型。实线（CONTINUOUS）线型不可被删除。

4）"当前"按钮：指定当前线型。

5）"显示细节" / "隐藏细节"按钮：控制是否显示或隐藏选中的线型细节。如果当前细节未显示，则"显示细节"按钮有效；否则，"隐藏细节"按钮有效。

6）"详细信息"区：包括了选中线型的名称、线型、全局比例因子、当前对象缩放比例等详细信息。

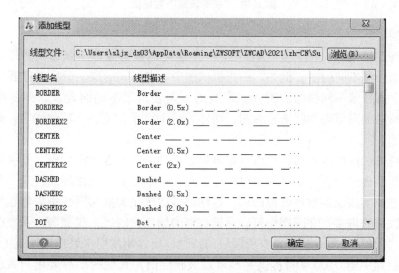

图 1-69　"加载"对话框

（8）线宽

线宽也是图元的基本属性之一。不同的线宽代表了不同的含义。例如在机械图中，线条有粗细之分。粗实线般表示可见轮廓线，而细实线则表示引线、尺寸线、断面线等。同样应该合理、正确地使用线宽特性。

命令：LINEWEIGHT、LWEIGHT。

状态栏：在状态栏用鼠标右键单击线宽并点取"设置"。

执行该命令后弹出"线宽设置"对话框，如图 1-70 所示。

该对话框包括如下内容。

1）线宽：通过滑块上下移动选择不同的线宽。

2）列出单位：选择线宽单位为"毫米"或"英寸"。

3）显示线宽：控制是否显示线宽。

4）默认：设定默认线宽的大小。

5）调整显示比例：调整线宽显示比例。

6）当前线宽：提示当前线宽设定值。

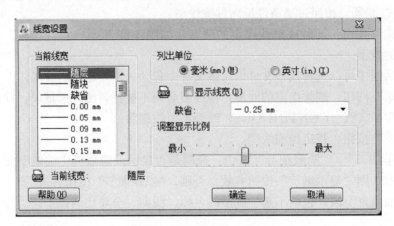

图 1-70 "线宽设置"对话框

（9）图层

层是一种逻辑概念。在中望 CAD 中，一个层可以被看成是一张透明的纸，可以在不同的"纸"上绘制不同的图。例如，一张机械图中，在不同的层上分别绘制粗实线、细实线、点画线、虚线等不同线型的图线。图线的不同表示了不同的含义，即每层的含义不同。最后将所有的图层叠加起来看总图。同样，对于尺寸、文字、辅助线等，都可以放置在不同的层上。

层有些特殊的性质。例如，可以设定该层是否显示，是否允许编辑、是否输出等。例如，要改变粗实线的颜色，如果粗实线都是绘制在一个层上，则在层的管理下就非常简单了，仅需要把和实线层的颜色改掉即可。这样做显然比在大量的图线中去将粗实线挑选出来再加以修改轻松得多。在图层中可以设定每层的颜色、线型、线宽等。只要图线的相关特性设定成"随层"，图线都将具有所属层的特性。所以用图层来管理图形是十分有效的。

只有 0 层是中望 CAD 本身提供并不可以被删除的，其他的层需要用户自己创建并设置对应的属性。下面介绍图层特性管理操作。

命令：LAYER。

功能区：常用选项卡→图层面板→图层特性。

执行图层命令后，弹出如图 1-71 所示的"图层特性管理器"对话框。该对话框中包含了"新特性过滤器""新组过滤器""图层状态管理器""新建图层""删除图层""置为当前"等按钮。中间列表显示了图层的名称、开/关、冻结/解冻、锁定/解锁、颜色、线型、线宽、打印样式、打印等信息。

1）新特性过滤器。单击该按钮后，弹出如图 1-72、图 1-73 所示的"图层过滤器特性"对话框。

在该对话框中，可以根据过滤器的条件来筛选图层。此时仅需要在"过滤器定义"中的各项栏目中填入过滤条件即可。上图显示了颜色为"白"的图层。

2）组过滤器。组过滤器用于对图层进行分组管理。在某一时刻，只有一个组是活动的。不同组中的图层名称可以相同，并不会相互冲突。

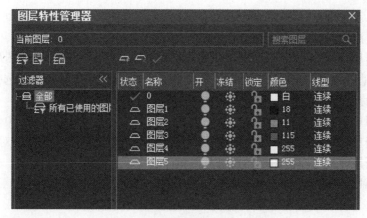

图 1-71　"图层特性管理器"对话框

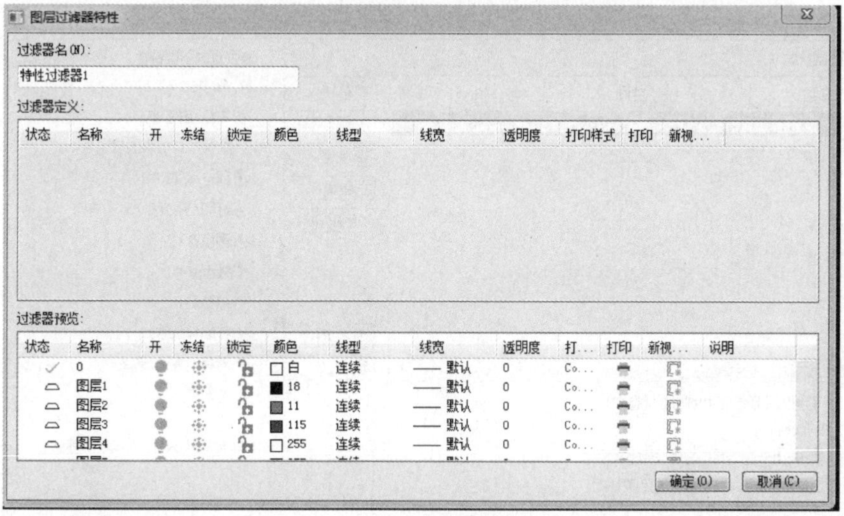

图 1-72　过滤前

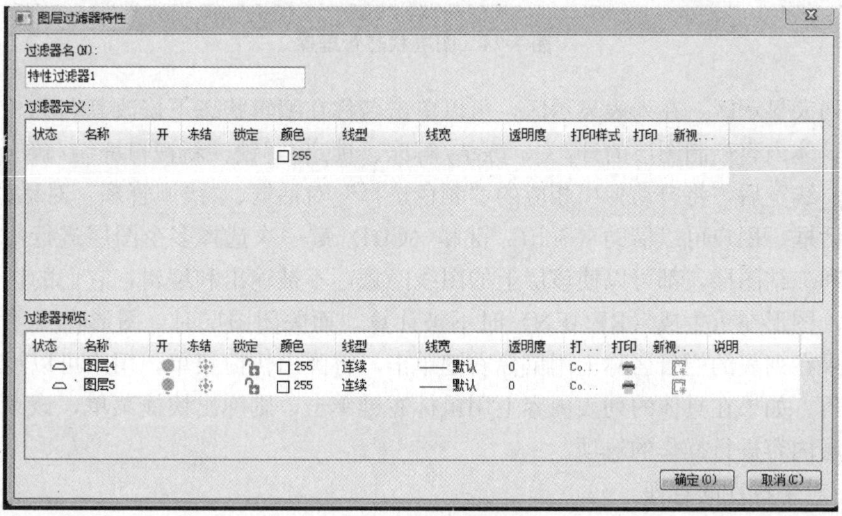

图 1-73　过滤后

3）图层状态管理器。保存、恢复和管理命名图层状态，如图 1-74 所示。

4）反向过滤器。列出不满足过滤器条件的图层。

5）新建图层。创建一图层。新建的图层自动增加在目前光标所在的图层下面，并且新建的图层自动继承当前选中图层的特性，如颜色、线型等。图层名可以选择后修改成具有定意义的名称。

6）删除图层。删除选定的图层。应该无任何对象依赖于要删除的层。0 层不可删除。

7）置为当前。指定所选图层为当前层。当前层即正使用的层，绘制的对象属于该层。

8）当前图层。提示当前图层的名称。

9）搜索图层。根据输入条件搜索符合条件的图层。

10）刷新。扫描图形中所有图元信息，并刷新图层使用信息。

11）设置。

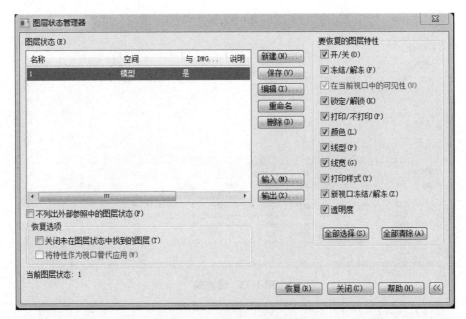

图 1-74　图层状态管理器

12）列表显示区。在列表显示区，可以单击名称在编辑状态下修改其名称。通过单击列表中的具体内容控制图层的开/关、冻结/解冻、锁定/解锁、新视口冻结/解冻。点取颜色、线型、线宽后，将自动弹出相应的"颜色选择"对话框、"线型管理"对话框、"线宽设置"对话框。用户可以借助〈Shift〉键和〈Ctrl〉键一次选择多个图层进行修改。其中关闭图层和冻结图层，都可以使该层上的图线隐藏，不被输出和编辑，它们的区别在于冻结图层后，图形在重生成（REGEN）时不被计算，而关闭图层时，图形在重生成中要被计算。如果在列表的栏目名称上用鼠标右键单击，将弹出快捷菜单，用户可以设置列表中打开的栏目。如果在具体的列表内容上用鼠标右键单击，则弹出快捷菜单，该菜单包含了可以对图层内容进行操作的选项。

（10）对象特性的管理

图元对象的特性并非初始设置后就一成不变，可以在绘制后再另行编辑修改。修改特性的方法主要有以下几种：

1）通过"常用"选项卡中的"特性"面板修改。

2）通过"特性"选项板修改。单击快速访问工具栏中的"特性"菜单，或者单击"特性"面板右下角的箭头，均会弹出"特性"选项板。

3）通过 QP（快捷特性）修改。

不论通过哪个面板修改，方法差不多。通过下拉列表选择颜色、线型、宽度等属性，通过文本框输入具体数据。尤其是对输入的文本的修改，通过特性选项板修改不失为方便之举。

- 颜色控制：设置图线的颜色。可以在显示的颜色上选取，如选取"其他"则弹出"选择颜色"对话框。

- 线型控制：设置图线的线型。可以在显示的已加载的线型上选取，如选取"其他"则弹出"线型管理器"对话框。

- 线宽设置：设置图线线宽。可以通过下拉列表选择线宽。

- 打印样式控制：设置新对象的默认打印样式并编辑现有对象的打印样式。

（11）DWT 样板图

顾名思义，样板图是一个模板。样板图是十分重要的减少重复劳动的工具之一。通过样板图将各种常用的设置，如图层（不包括颜色、线型、线宽）、文字样式、图形界限、单位、尺寸标注样式、输出布局等作为样板保存。在以后绘制心的图形时采用该样板，则样板图中的设置全部可以使用，无需重新设置。

样板图不仅极大地减轻了绘图中重复的工作量，而且统一了图纸的格式，在图形的管理更加规范。

要输出成样板图，在"另存为"对话框中选择 DWT 文件类型即可。通常情况下，样板图存放于 TEMPLATE 子目录下。在中望 CAD2021 中，提供了图纸集的管理，也具有样板的功能。

1.3.5　绘图命令

（1）直线命令

直线几乎是每个图形中都存在的图元，直线的绘制方法很多，技巧性也很强命令：Line（L）。

功能区：常用→绘图→直线

输入该命令后系统给出以下提示。

```
命令：_line
指定第一个点：
指定下一点或［角度（A）/长度（L）/放弃（U）］：
指定下一点或［角度（A）/长度（L）/放弃（U）］：
指定下一点或［角度（A）/长度（L）/闭合（C）/放弃（U）］：
```

其中参数的用法如下。

指定第一点：定义直线的第一点（可以输入起点坐标）。如果以〈Enter〉键响应，则为连续绘制方式。

指定下一点：定义直线的下一个端点（可以输入终点坐标）。

角度（A）：确定直线角度（从 X 轴正方向开始，逆时针为正，顺时针为负）。

长度（L）：确定直线长度。

放弃（U）：放弃刚绘制的直线。

闭合（C）：封闭直线段，使首尾形成闭合多边形。

练习

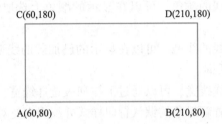

（2）圆命令

有多种绘制圆的方法，无论哪种方法，只要能准确确定圆的位置和大小即可。

命令：CIRCLE（C）。

功能区：常用→绘图→圆◎

输入该命令后系统给出以下提示。

命令：_circle
指定圆的圆心或［三点（3P）/两点（2P）/切点、切点、半径（T）］：

其中参数的用法如下。

圆心：指定圆的圆心（可以输入圆心坐标）。

半径：指定圆的半径大小。

直径（D）：指定圆的直径大小。

三点（3P）：指定圆周上的三点定圆。

两点（2P）：指定两点作一圆，这两点自动位于圆的直径之上。

切点、切点、半径（T）：指定与圆相切的两个元素，再定义圆的半径。半径直径必须不小于两个元素之间的最短距离。

练习

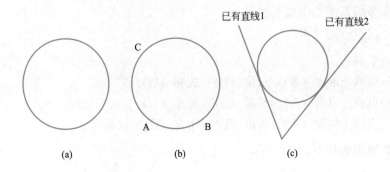

（3）修剪命令

编辑图形时，经常会绘制或者复制超长的图形，这些超出部分需要修剪掉，或者要将圆改为圆弧等。修剪命令是以指定的对象为边界，将要修剪的对象剪去不需要的部分。

命令：TRIM（TR）。

功能区：常用→绘图→修剪

输入该命令后系统给出以下提示。

命令：_ Trim

当前设置：投影模式＝UCS，边延伸模式＝不延伸（N）

选取对象来剪切边界〈全选〉：

选取对象来剪切边界〈全选〉：〈Enter〉

选择要修剪的实体：

其中参数的用法如下。

选取对象来剪切边界〈全选〉：提示选择剪切边线，此时选择的对象作为剪切边界。剪切边界选择完毕后，〈Enter〉键确认。

选择要修剪的实体：提示选择需要修剪的对象。

练习

（4）延伸命令

延伸和修剪的功能几乎正好相反，操作起来却很相似。延伸是以指定的对象为边界，延伸某对象与之精确相交。延伸和修剪在命令运行中均可以按住〈Shift〉键相互转换功能。

命令：EXTEND（EX）。

功能区：常用→绘图→延伸

输入该命令后系统给出以下提示。

命令：_ Extend

选取边界对象作延伸〈回车全选〉：

选择要延伸的实体，或按住 Shift 键选择要修剪的实体，或［边缘模式（E）/围栏（F）/窗交（C）/投影（P）/放弃（U）］：

其中参数的用法如下：

选取边界对象作延伸〈回车全选〉：提示选择延伸边界的边，选中的对象即作为边界。

选择要延伸的实体，或按住〈Shift〉键选择要修剪的实体，或［边缘模式（E）/围栏（F）/窗交（C）/投影（P）/放弃（U）］：提示选择需要延伸的对象。按住〈Shift〉键，此时为修剪，可以选择需要修剪的对象。

练习

（5）阵列命令

矩形或者环形阵列可以快速复制大量的分布规律的相同图形。

命令：ARRAY（AR）。

功能区：常用→绘图→阵列

执行该命令后，弹出"阵列"对话框，对话框分"矩形阵列"和"环形阵列"，如图 1-75 所示。

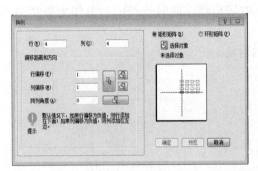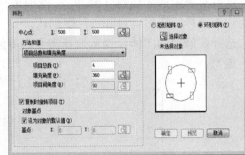

图 1-75　矩阵

1）矩形阵列

• 选择对象：单击该按钮返回到绘图屏幕，供用户选择需要阵列的对象。

• 行数：阵列的总行数。

• 列数：阵列的总列数。

• 偏移距离和方向。

• 行偏移：输入行间距，如果为负值，行向下偏移。

• 列偏移：输入列间距，如果为负值，行向左偏移。

• 阵列角度：设置阵列旋转的角度。默认是 0。

• 确认：按照阵列设定参数完成阵列。

• 取消：放弃阵列。

• 预览：预览设定效果。

2）环形阵列

• 选择对象：单击该按钮返回到绘图屏幕，供用户选择需要阵列的对象。

• 中心点：设定环形阵列的中心。

• 方法和值。

• 方法：项目总数、填充角度、项目间角度 3 个参数中只需要就足以确定阵列的方法。

- 项目总数：需要阵列的对象数量。
- 填充角度：定义阵列中第一个和最后一个的基点之间的包含角来设置阵列的大小。逆时针为正，顺时针为负。
- 项目间角度：阵列对象的基点和阵列中心之间的包含角。
- 复制时旋转项目：阵列的同时将对象旋转。
- 对象基点：对象本身的基点。
- 确认：按照阵列设定参数完成阵列。
- 取消：放弃阵列。
- 预览：预览设定效果。

（6）删除命令

绘制图形时，经常会出现临时的辅助线、点，或者需要删除的元素进行删除操作。

命令：ERASE（E）。

功能区：常用→绘图→删除 。

输入该命令后系统给出以下提示。

命令：_ERASE
选择对象：

其中参数的用法如下。

- 选择对象：可以采用任意的对象选择，选择后〈Enter〉确认删除。

（7）放弃和重做命令

- 放弃命令

绘制图形时，经常会出现错误，需要放弃上一步骤时，可以选择放弃命令。

命令：UNDO（U）。

功能区：常用→编辑→放弃。

快捷键：〈Ctrl〉+〈Z〉组合键。

- 重做命令

"重做"命令是将刚刚放弃的操作重新恢复一次，且仅限一次。

命令：REDO。

功能区：常用→视图→重画。

快捷键：〈Ctrl〉+〈Y〉组合键。

（8）射线命令

射线是一条有起点、通过另一点或者指定某一方向无限延伸的直线。

命令：RAY。

功能区：常用→绘图→射线。

输入该命令后系统给出以下提示。

命令：_RAY
指定射线起点或［等分（B）/水平（H）/竖直（V）/角度（A）/偏移（O）］：
指定通过点：

其中参数的用法如下。

- 指定射线起点：输入射线起点。
- 指定通过点：输入射线通过点。连续绘制射线则指定通过点，起点不变。

（9）矩形命令

通过定义矩形的两个对角点绘制矩形，同时可以设定起宽度、圆角和倒角等。

命令：RECTANG（REC）。

功能区：常用→绘图→矩形▢。

输入该命令后系统给出以下提示。

命令：_ RECTANG

指定第一个角点或［倒角（C）/标高（E）/圆角（F）/正方形（S）/厚度（T）/宽度（W）］：

指定其他的角点或［面积（A）/尺寸（D）/旋转（R）］：

其中参数的用法如下。

- 指定第一个角点：选择矩形的一个顶点。
- 指定其他的角点：选择矩形的另一个顶点。
- 倒角（C）：绘制带倒角的矩形。

第一倒角距离：定义第一倒角距离。

第二倒角距离：定义第二倒角距离。

第一倒角距离：定义第一倒角距离。

- 圆角（F）：绘制带圆角的矩形。

矩形的圆角半径：定义圆角半径。

- 宽度（W）：定义矩形的线宽。
- 标高（E）：定义矩形的高度。
- 厚度（T）：定义矩形的厚度。
- 正方形（S）：定义正方形。

（10）多边形命令

绘制图形时，多边形也是一个常见的元素。

命令：POLYGON（POL）。

功能区：常用→绘图→多边形⬡。

输入该命令后系统给出以下提示。

命令：_ POLYGON

输入边的数目〈4〉或［多个（M）/线宽（W）］：

指定正多边形的中心点或［边（E）］：

其中参数的用法如下。

- 输入边的数目〈4〉或［多个（M）/线宽（W）］：定义多边形边数，不能小于3。
- 指定正多边形的中心点或［边（E）］。
- 输入选项［内接于圆（I）/外切于圆（C）］：定义圆与多边形的关系。
- 指定圆的半径：定义圆的半径。

（11）椭圆命令

绘制椭圆与多边形绘制方法一样方便，椭圆也是一个常见的元素。

命令：ELLIPSE（ELL）。

功能区：常用→绘图→椭圆◯。

输入该命令后系统给出以下提示。

命令：_ ELLIPSE

指定椭圆的第一个端点或［弧（A）/中心（C）］：

指定轴向第二端点：

指定其他轴或［旋转（R）］：

其中参数的用法如下。

指定椭圆的第一个端点或［弧（A）/中心（C）］：定义椭圆的第一个端点。

指定轴向第二端点：定义椭圆的第二个端点。

指定其他轴或［旋转（R）］：定义椭圆的其他轴。

（12）圆环命令

圆环是一种可以填充的同心圆。

命令：DONUT（DO）。

功能区：常用→绘图→圆环。

输入该命令后系统给出以下提示。

命令：_ DONUT

指定圆环的内径〈0.5000〉：

指定圆环的外径〈1.0000〉：

指定圆环的中心点或〈退出〉：

其中参数的用法如下。

指定圆环的内径〈0.5000〉：输入圆环内圆的直径值。

指定圆环的外径〈1.0000〉：输入圆环外圆的直径值。

指定圆环的中心点或〈退出〉：定义圆环的中心点位置。

（13）圆弧命令

圆弧是常见的图元素之一，圆弧可以直接绘制，也可以打断圆成为圆弧或者通过倒角等方法绘制。

命令：ARC。

功能区：常用→绘图→圆弧。

输入该命令后系统给出以下提示。

命令：_ arc

指定圆弧的起点或［圆心（C）］：

指定圆弧的第二个点或［圆心（C）/端点（E）］：

指定圆弧的端点：

其中参数的用法如下。

指定圆弧的起点或［圆心（C）］：定义圆弧的起点位置。

指定圆弧的第二个点或［圆心（C）/端点（E）］：定义圆弧经过点的位置。

指定圆弧的端点：定义圆弧终点位置。

圆心（C）：定义圆弧所在圆的圆心位置。

（14）移动命令

移动命令可以将一组或者一个对象从一个位置移动到另一个位置。

命令：MOVE（M）。

功能区：常用→修改→移动。

输入该命令后系统给出以下提示。

命令：_ MOVE
选择对象：
指定基点或［位移（D）］〈位移〉：
指定第二点的位移或者〈使用第一点当做位移〉：

其中参数的用法如下。

选择对象：选择要移动的对象，〈Enter〉键确认。

指定基点或［位移（D）］〈位移〉：选择移动对象的基准点。

指定第二点的位移或者〈使用第一点当做位移〉。

（15）打断命令

打断命令可以将某对象一分为二。

命令：BREAK。

功能区：常用→修改→打断。

输入该命令后系统给出以下提示。

命令：_ BREAK
选取切断对象：
指定第二切断点或［第一切断点（F）］：

其中参数的用法如下。

选取切断对象：选择需要打断的对象。

指定第二切断点或［第一切断点（F）］：选择断开位置点。

（16）多段线命令

多段线是由多条直线或者圆弧段组成的单一实体，同时它还具有可变宽度等特性。

命令：PLINE（PL）。

功能区：常用→绘图→多段线 。

输入该命令后系统给出以下提示。

命令：_ PLINE
指定多段线的起点或〈最后点〉：
指定下一点或［圆弧（A）/半宽（H）/长度（L）/撤销（U）/宽度（W）］：

其中参数的用法如下。

指定多段线的起点或〈最后点〉：定义多段线的起点。

指定下一点或［圆弧（A）/半宽（H）/长度（L）/撤销（U）/宽度（W）］：定义多段线的下一个点位。

宽度（W）：定义多段线的线宽。

指定起始宽度〈0.0000〉：定义多段线起始的线宽。

指定终止宽度〈0.0000〉：定义多段线终止的线宽。

长度（L）：定义多段线的长度。

（17）倒角命令

倒角命令和圆角一样，是图上常见的结构。

命令：CHAMFER（CHA）。

功能区：常用→修改→倒角◢。

输入该命令后系统给出以下提示。

命令：_ CHAMFER

选择第一条直线或［多段线（P）/距离（D）/角度（A）/方式（E）/修剪（T）/多个（M）/放弃（U）］：

选择第二个对象或按住 Shift 键选择对象以应用角点：

其中参数的用法如下。

选择第一条直线或［多段线（P）/距离（D）/角度（A）/方式（E）/修剪（T）/多个（M）/放弃（U）］：选择倒角时第一条直线。

选择第二个对象或按住〈Shift〉键选择对象以应用角点：选择需要倒角的第二条直线。

角度（A）：需要倒角直线与倒角线之间形成的角度。

距离（D）：需要倒角距离角的距离。

修剪（T）：倒角后是否修建多余部分。

（18）文字样式设置命令

文本是对图样的必不可少的补充。

命令：STYLE（ST）。

功能区：注释→文字→管理文字样式、文字样式。

输入该命令后系统给出如图 1-76 提示。

在该对话框中，应设置文字样式；包括"样式名"区、"字体"区、"大小"区、"效果"区、"预览"区等。

（19）文字注写

文字注写命令分为单行文本输入命令 TEXT、DTEXT 和多行输入命令 MTEXT。

单行文本输入命令 TEXT、DTEXT。

命令：TEXT、DTEXT。

功能区：常用→注释→单行文字、注释→文字→单行文字。

输入该命令后系统有如下提示。

图 1-76　文字样式管理器

> 命令：_ TEXT、DTEXT
> 当前文字样式："xt"　文字高度：2.5 注释性：否
> 指定文字的起点或［对正（J）/样式（S）］：J〈Enter〉
> 输入选项［对齐（A）/布满（F）/居中（C）/中间（M）/左对齐（L）/右对齐（R）/左上（TL）/中上（TC）/右上（TR）/左中（ML）/正中（MC）/右中（MR）/左下（BL）/中下（BC）/右下（BR）］：
> 指定文字的起点或［对正（J）/样式（S）］：s〈Enter〉
> 输入文字样式或［?〈xt〉：

其中参数的用法如下。

• 起点：定义文本输入的起点，默认为左对齐。

• 对正（J）：定义对正方式。

• 对齐（A）：确定文本的起点和终点，CAD 会自动调整文本的高度，使文本放置在两点之间，字体高和宽之比不变。

• 布满（F）：确定文本的起点和终点，CAD 会自动调整文本的宽度，使文本放置在两点之间，字体高度不变。

• 居中（C）：确定文本基线的水平中点。

• 中间（M）：确定文本基线的水平和垂直中点。

• 右对齐（R）：确定文本基线的右侧终点。

（20）创建块和写块

块首先是被创建的。

命令：BLOCK（B）。

功能区：常用→块→创建。

输入该命令后系统有如图 1-77 提示。

命令：_ BLOCK

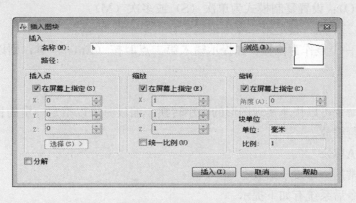

图 1-77　BLOCK（B）

其中参数的用法如下。

• 出现"块定义"对话框，在对话框里面定义"名称"、"基点"区、"对象"区、"方式"区、"设置"区、"说明"区等。

• 名称：块的名称标识。

• 基点：定义块的基点，该基点是在插入时作为基准点使用；可以在屏幕上指定、拾取点。

（21）块的插入

块可以被直接插入到图形中而被引用。

命令：INSERT（I）。

功能区：常用→块→插入。

输入该命令后系统有如图 1-78 提示。

命令：_ INSERT

图 1-78　INSERT（Ⅰ）

其中参数的用法如下。

• 该对话框中包括"名称""途径""插入点"区、"比例"区、"旋转"区等内容。

• "插入点"区：屏幕上指定点，单击"确定"后，在绘图区屏幕上拾取插入点；也可以输入插入点的 X、Y、Z 坐标。
- "比例"区：命令提示缩放比例。
- "旋转"区：确定插入块的旋转角度。

1.3.6 修改命令

（1）复制

图形中往往存在很多相同的或相近的对象，在完成一个后，通过复制命令可以快速、简单地得到另外的对象，无需重复劳动。

命令：COPY。

功能区：常用→修改→复制。

输入该命令后系统有如下提示。

命令：_ copy

选择对象：Enter

当前设置：复制模式-多个

指定基点或［位移（D）/模式（O）］〈位移〉：O〈Enter〉

输入复制模式选项［单个（S）/多个（M）］〈多个〉：

指定基点或［位移（D）/模式（O）］〈位移〉：

指定第二个点或〈使用第一个点作为位移〉：

其中参数的用法如下。
- 选择对象：选取要复制的对象。
- 基点：定义复制对象的基准点。仅用于确定距离，和被复制的对象可以没有任何关联。
- 位移（D）：定义目标对象和原对象之间的位移。
- 模式（O）：设置复制模式为单次（S）或多次（M）。
- 指定第二个点：指定第二点来确定位移，第一点即基点。
- 使用第一个点作为位移：在提示输入第二点时按〈Enter〉键，则以第一点的坐标作为位移。

（2）缩放

使用缩放命令可以快速实现图形的大小转换。缩放时可以指定一定的比例，也可以参照某个对象进行缩放。

命令：SCALE。

功能区：常用→修改→缩放。

输入该命令后系统有如下提示。

命令：scale

选择对象：

选择对象：（Enter）

指定基点：

指定比例因子或「复制（Cy 参照（R）1（1.0000）：R〈Enter〉
指定参照长度（1.0000）
指定新的长度或［点（P）］（1.0000）

其中参数的用法如下。

- 选择对象：选择要缩放的对象。
- 指定基点：指定缩放的基准点。
- 指定比例因子或「参照（R）」：指定比例或采用参照方式确定比例。
- 复制：缩放后原对象不被删除，相当于复制了一份。
- 指定参考长度〈1〉：指定参考的长度，默认为 1。
- 指定新的长度或［点（P）〈1.0000〉：指定新的长度或通过定义两个点来定长度。

（3）旋转

在绘制的图形需要旋转一角度时，可采用旋转命令来完成。

命令：ROTATE。

功能区：常用→修改→旋转。

输入该命令后系统有以下提示。

命令：rotate
UCS 当前的正角方向：ANGDIR＝逆时针 ANGBASE＝0
选择对象：
选择对象：（Enter）
指定基点：
指定旋转角度，或［复制（C）/参照（R）］〈0〉R（Enter）
指定参照角〈0〉：
指定新角度或［点（P）］〈0〉；

其中参数的用法如下。

- 选择对象：选择要旋转的对象。
- 指定基点：指定旋转的基点。
- 指定旋转角度：输入旋转的角度。
- 复制：旋转对象后保留原对象。
- 参照：采用参照的方式旋转对象。

（4）圆角

圆角是很多零件上存在的一种结构，可以直接通过圆角命令绘制。

命令：FILLET。

功能区：常用→修改→圆角。

输入该命令后系统有以下提示。

命令：fillet
当前设置：模式＝修剪，半径＝0.0000
选择第一个对象或［放弃（U）/多段线（P）/半径（R）/修剪（T）多个（M）］：

u〈Enter〉

命令已完全放弃。

选择第一个对象或［放弃（U）多段线（P）/半径（R）/修剪（T）多个（M）：r〈Enter〉

指定圆角半径〈XX〉：

选择第一个对象或［放弃（U）多段线（P）/半径（R）/修剪（T）多个（M）：p〈Enter〉

选择二维多段线：

选择第一个对象或［放弃（U）多段线（P）/半径（R）/修剪（T）多个（M）：t〈Enter〉

输入修剪模式选项［修剪（T/不修剪（N）］〈当前值〉：

选择第一个对象或［放弃（U）/多段线（P）/半径（R）/修剪（T）/多个（M）：m〈Enter〉

选择第一个对象或［放弃（U）/多段线（P）/半径（R）/修剪（T）/多个（M）：

选择第二个对象，或按住（Shift）键选择要应用角点的对象：

其中参数的用法如下。

- 选择第一个对象：选择倒圆角的第一个对象。
- 选择第二个对象：选择倒圆角的第二个对象。
- 放弃（U）：撤销在命令中刚执行的一个操作。
- 多段线（P）：对多段线进行倒圆角。

选择二维多段线：选择二维多段线。

- 半径（R）：设定圆角半径。

指定圆角半径〈〉：定义倒圆角的半径。

- 修剪（T）：设定修剪模式。

输入修剪模式选项［修剪（T/不修剪（N）］〈修剪〉：选择是否采用修剪的模式。如果选择成修剪，则不论两个对象是否显式相交或相距一段距离，均自动进行延伸或修剪。如果设定成不修剪，则仅仅增加一指定半径的圆弧。

- 多个（M）：用同样的圆角半径多次给不同的对象倒圆角。圆角命令将重复显示主提示和"选择第二个对象"提示，直到用户按〈Enter〉键结束该命令。
- 按住〈Shift〉键：自动使用半径为0的圆角连接两个对象。即让两个对象自动准确相交，该方法可以去除多余的线条或延伸不足的线条以便调整两个对象的长度。

（5）镜像

其实很多图形是对称或基本对称的，对于这样的图形，只需绘制一半甚至更少，然后采用镜像命令产生对称的部分，对基本对称的图形，再配合其他编辑绘图命令适当修改，可以大大减轻绘图工作量。

命令：MIRROR。

功能区：常用→修改→镜像。

输入该命令后系统给出以下提示。

命令：_ mirror

选择对象：

选择对象：

指定镜像线的第一点：

指定镜像线的第二点：

要删除源对象吗？［是（Y）/否（N）］〈N〉：

其中参数的用法如下。

- 选择对象：选择要镜像的对象。
- 指定镜像线的第一点：确定镜像轴线的第一点。
- 指定镜像线的第二点：确定镜像轴线的第二点。
- 要删除源对象吗？［是（Y）/否（N）］〈N〉：回答 Y 则删除源对象，回答 N 则保留源对象。

（6）拉伸

拉伸命令不仅可以调整图线的长短、大小，而且可以调整图线的位置。

命令：STRETCH。

功能区：常用→修改→拉伸。

输入该命令后系统给出以下提示。

命令：_ Stretch

以交叉窗口或交叉多边形选择要拉伸的对象

选择对象：

指定对角点：

选择对象：〈Enter〉

指定基点或［位移（D）］〈位移〉：

指定第二个点或〈使用第一个点作为位移〉：

指定基点或［位移（D）］〈位移〉：D（Enter）

指定位移（0.0000，0.0000，0.0000）

其中参数的用法如下。

- 选择对象：选择需要拉伸的对象，只能以交叉窗口或交叉多边形方式选择对象。
- 指定基点或［位移（D）］：指定拉伸基点或定义位移。
- 指定第二个点或〈使用第一个点作为位移〉：如果第一点定义了基点，定义第二点来确定位移。如果直接按〈Enter〉键，则位移就是第一点的坐标。
- 指定位移：定义位移用于确定拉伸距离。

1）尺寸样式设定

标注的尺寸是否清晰合理，取决于尺寸样式的设置。

命令：DIMSTYLE、DDIM。

功能区：常用→注释→标注样式。如图 1-79 所示。

输入该命令后系统给出以下提示。

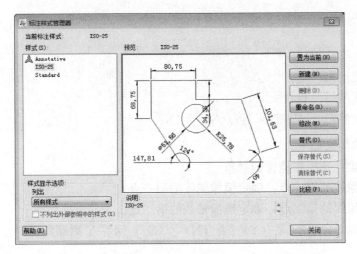

图 1-79 标注样式

命令： _ Stretch
以交叉窗口或交叉多边形选择要拉伸的对象
选择对象：
指定对角点：
选择对象：〈Enter〉
指定基点或［位移（D）］〈位移〉：
指定第二个点或〈使用第一个点作为位移〉：
指定基点或［位移（D）］〈位移〉：D〈Enter〉
指定位移（0.0000，0.0000，0.0000）

其中参数的用法如下。

- 选择对象：选择需要拉伸的对象，只能以交叉窗口或交叉多边形方式选择对象。
- 指定基点或［位移（D）］：指定拉伸基点或定义位移。
- 指定第二个点或〈使用第一个点作为位移〉：如果第一点定义了基点，定义第二点来确定位移。如果直接按〈Enter〉键，则位移就是第一点的坐标。
- 指定位移：定义位移用于确定拉伸距离。

2）尺寸样式设定

标注的尺寸是否清晰合理，取决于尺寸样式的设置。

命令：DIMSTYLE、DDIM。

功能区：常用→注释→标注样式。如图 1-80 所示。

输入该命令后系统给出以下提示。

命令： _ Stretch
以交叉窗口或交叉多边形选择要拉伸的对象
选择对象：
指定对角点：

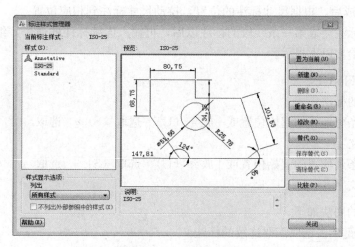

图 1-80　尺寸样式设定

选择对象：（Enter）

指定基点或［位移（D）］〈位移〉：

指定第二个点或〈使用第一个点作为位移〉：

指定基点或［位移（D）］〈位移〉：D（Enter）

指定位移（0.0000，0.0000，0.0000）

其中参数的用法如下。

- 选择对象：选择需要拉伸的对象，只能以交叉窗口或交叉多边形方式选择对象。
- 指定基点或［位移（D）］：指定拉伸基点或定义位移。
- 指定第二个点或（使用第一个点作为位移）：如果第一点定义了基点，定义第二点来确定位移。如果直接按〈Enter〉键，则位移就是第一点的坐标。
- 指定位移：定义位移用于确定拉伸距离。

3）标注命令

常用的标注命令有基线标注、连续标注、角度标注、直径标注、半径标注。

命令：DLI、DCO、DAN、DDI、DRA。

功能区：标注下单菜单中点取所需要的标注。

以线性标注为例，输入改命令后系统给出以下提示。

DIMLINEAR

指定第一条尺寸界线原点或〈选择对象〉：

指定第二条尺寸界线原点：

指定尺寸线位置或［多行文字（M）/文字（T）/角度（A）/水平（H）/垂直（V）/旋转（R）］：

标注注释文字。

其中参数的用法如下。

- 指定第一条需要标注的尺寸界限原点。
- 接着指定第二条界限的原点。

• 指定完成后，根据尺寸标注的位置，拉动尺寸标注到相应位置。

运用线性标注完成第一条线段的标注以后，可输入连续标注的命令，继续标注，输入改命令后系统给出以下提示。

DIMCONTINUE

选取连续的标注：

指定下一条延伸线的起始位置或［放弃（U）/选取（S）］〈选取〉：

标注注释文字

指定下一条延伸线的起始位置或［放弃（U）/选取（S）］〈选取〉：

标注注释文字

其中参数的用法如下。

• 鼠标左键单击选取需要连续的标注。
• 接着指定下一条延伸线的起始位置。
• 重复上一个命令，继续点击指定延伸线的起始位置。
• 完成连续标注后回车即可退出连续标注。

项目**2**

Chapter **02**

建筑施工图识读

单元 2.1 建筑施工图概述

教学要求:

能力目标	知识要点	权重
了解建筑工图的意义、分类和编排顺序; 熟悉国家标准对建筑工图的有关规定	房屋的类型和组成; 施工图的产生; 施工图的分类; 施工图的编排顺序; 建筑施工图的图示规定; 建筑施工图的内容及用途	10%
了解图纸目录的内容和用途; 了解建筑总平面图的形成与作用; 初步掌握绘制和阅读总平面图的方法和步骤	图纸目录; 总平面图的形成和作用; 总平面图的图示方法与内容; 总平面图的阅读; 施工总说明	10%
了解建筑平面图的用途和种类; 熟悉建筑平面图的基本内容,有关图线、绘图比例的规定; 初步掌握绘制和阅读建筑平面图的方法和步骤	建筑平面图的形成和作用; 建筑平面图的内容和图示方法; 建筑平面图的阅读和抄绘	30%
了解建筑立面图的内容和要求; 初步掌握绘制和阅读建筑立面建筑立面图的方法和步骤	建筑立面图的形成和作用; 建筑立面图的内容和图示方法; 建筑立面图的阅读和抄绘	20%
了解建筑剖面图的内容和要求; 初步掌握绘制和阅读建筑剖面图的方法和步骤	建筑剖面图的形成和作用; 建筑剖面图的内容和图示方法; 建筑剖面图的阅读和绘制	15%
了解建筑详图的内容和要求; 初步掌握绘制和阅读建筑详图的方法和步骤	建筑详图的形成和作用; 建筑详图的内容和图示方法; 建筑详图的阅读和抄绘	15%

房屋是供人们生活、生产、学习工作和娱乐的场所,与我们的生活密切相关。房屋工程是一个系统的工程,有建筑工程、结构工程、设备工程、装饰工程等多种专业相互配合,按照各专业的设计要求施工并达到国家的验收规范标准。整个过程涉及的内容多、技术性强,所以指导施工的图纸必须详尽、准确并便于识读。

建筑工程图主要由建筑施工图、结构施工图、设备施工图组成。本单元重点介绍建筑施工图的识读及绘图技能。

1. 施工图的产生过程及内容

房屋的设计工作一般分为初步设计阶段和施工图设计两个阶段。对于一些较大或技术上比较复杂、设计要求高的工程，还应在两个设计阶段之间增加技术设计阶段。初步设计阶段及技术设计阶段可合起来称为扩大初步设计阶段。

（1）初步设计阶段：根据有关政策、规划方案、地质条件及建设单位提出的设计要求，进行调查研究、收集资料，提出初步设计图纸。该图纸内容包括简略的平面、立面及剖面，初步设计概算，基本的建筑模型及设计说明等。初步设计阶段的图纸和文件只能作为方案研究和审批之用，不能作为施工的依据。

（2）技术设计阶段：在已经审批的初步设计方案基础上，进一步解决各种技术问题，协调各工种之间的矛盾，进行深入的技术经济比较及计算等。

（3）施工图设计阶段：在已经审批的初步设计图或技术设计基础上，绘制出能反映房屋整体及细部详尽的整套建筑施工图纸，作为建筑施工及概预算的依据。

一套完整的施工图应该包括建筑施工图（简称建施，JS）、结构施工图（简称结施，GS）、设备施工图（水、电、暖通等）、装修施工图。绘制施工图是一项复杂、细致的工作，施工图纸必须符合现行建筑制图标准和设计规范，图样要求表达清晰、前后统一、比例适当、尺寸齐全、图面整洁美观等。

2. 建筑施工图作用和组成

建筑施工图主要是表示建筑的规划位置、外部造型、内部各房间的布置、内外装修、构造及施工要求等，同时对建筑面积、高度、各层房间功能、细部构造的定形和定位等技术经济指标做出明确说明。

一套完整的建筑施工图应该包括建筑施工图首页、建筑总平面图、建筑平面图、建筑立面图、建筑剖面图、建筑详图等图样。如果还有相关的技术问题，则还需做专门的说明，如防火专篇、节能专篇等。

3. 建筑施工图的图示特点

（1）图样均采用正投影原理绘制

建施图中的所有图样均采用在空间第一象限角采用正投影进行绘制。对于简单的建筑形体，一般在水平面（H 面）做平面图，在正平面（V 面）和侧平面（W 面）做立面图和剖面图，就可以表达清楚。对于复杂的工程的形体，我们需要在原 H、V、W 三个投影面相对并平行的位置上设立 H_1、V_1、W_1 三个新投影面，就组成了六面投影体系。这样就可以将形体的各个侧面情况反映清楚。如图 2-1 所示。

如果一栋建筑的平、立、剖可以画在同一张图纸上，则需按照投影原则绘制，即平面图在正下方、立面图在正上方、剖面图在右上方，且应符合"长对正、高平齐、宽相等"的原则。由于建筑形体较大，一般需要单独画出各个部分图样。无论图样是否在一张图纸上，都要在图名下方注写相应的图名，并画上图名线（粗实线）并注写比例。

（2）图样根据需要采用不同的比例绘制

一般情况下，建施图中总平、平、立、剖等图样采用较小比例绘制，而构造详图用较大比例绘制。施工图常用比例见表 2-1。

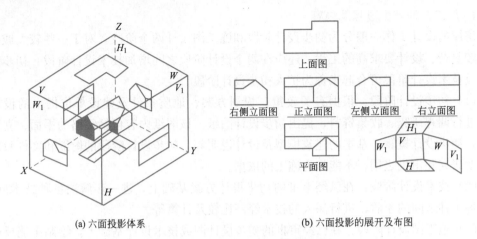

(a) 六面投影体系　　　　　　　　　　(b) 六面投影的展开及布图

图 2-1　六面投影体及物体正投影

施工图常用比例　　　　　　　　　　表 2-1

图名	常用比例	必要时可以增加的比例
总平面图	1：500、1：1000、1：2000	1：2500、1：5000、1：10000
总图专业的断面图	1：100、1：200、1：1000、1：2000	1：500、1：5000
平面图、立面图、剖面图	1：50、1：100、1：200	1：150、1：300
次要平面图	1：300、1：400	1：500
详图	1：1、1：2、1：5、1：10、1：20、1：25、1：50	1：3、1：4、1：30、1：40

（3）图例、符号及标准图集

为了加快设计和施工进步，加强图纸的流通性，把房屋工程中常用的大量重复出现的构配件如门窗、台阶、面层做法等按统一的模数、不同的规格设计成系列施工图，供设计部门、施工企业选用，这样的图样我们称之为标准图，装订成册后称为标准图集。

标准图集可以分为国家标准图集（如建筑国家图集 16G101）、地方标准图集（如西南图集 11J201-1）、设计单位编著的标准图集。原则上地方标准图不应与国家标准图集相冲突。

一般建筑构件标准图集用"G"或"结"来表示，建筑配件标准图集用"J"或"建"来表示。

4. 建筑施工图中的图例及符号

（1）定位轴线及编号

建筑施工图中对主要结构构件进行定位的线称为定位轴线，定位轴线是施工定位、放线的重要依据。凡是主要承重构件如墙、柱等都应画出定位轴线并予编号。

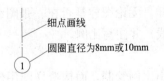

图 2-2　轴线的画法

1）定位轴线一般采用细单点长画线绘制。

2）为读图方便，定位轴线应当进行编号。编号写在定位轴线端部的圆内，圆为细实线绘制，直径为 8mm（详图为 10mm），圆心应在轴线的延长线上或延长线的折线上。如图 2-2 所示。

3）水平方向编号用阿拉伯数字从左至右编写；竖向编

号用大写拉丁字母由下向上注写。拉丁字母 I、O 及 Z 不宜用做轴线编号，以免和数字 1、0 和 2 混淆。如图 2-3 所示。

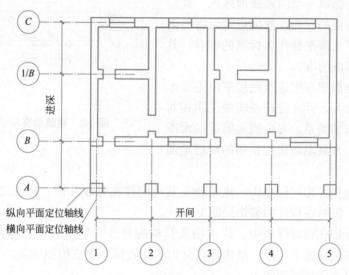

图 2-3　定位轴线编号方法

4）对一些次要承重构件和非承重构件，可以采用在两个轴线之间的附加轴线进行定位。附加轴线编号用分数表示。分母为前一轴线的编号，分子为阿拉伯数字，按顺序表示附加轴线编号。如图 2-4 所示。

5）当附加轴线在编号为 1 和 A 的主轴线之前时，则分母应在分母为前一轴线的编号前加 "0"，为 "01" 或 "0A"，分子还应为阿拉伯数字按顺序编写。如图 2-5 所示。

图 2-4　附加定位轴线（一）　　　　　　图 2-5　附加定位轴线（二）

6）在详图中，如果一个详图适用于多个轴线时，应同时注明各轴线编号。当详图的圆内没有注写编号时，代表该详图适用于本建筑所有相应位置。在详图中，如果一个详图适用于多个轴线时，应同时注明各轴线编号，如图 2-6 所示。

（2）标高及标高符号

标高表示建筑物某一部位的高度，是该点相对于某一基准面（标高的零点）的竖向高度，是竖向定位的依据。

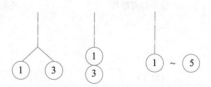

图 2-6　详图轴线

1）标高分为相对标高和绝对标高，也有建筑标高和结构标高之分（图2-7）。

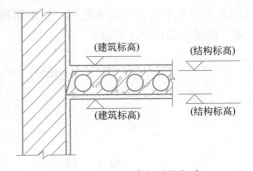

图2-7　建筑标高与结构标高

绝对标高是指以一个国家或地区统一规定的基准面作为零点的标高，我国规定以青岛附近黄海夏季的平均海平面作为标高的零点，其余各地标高均以其为准。

相对标高是指把房屋建筑底层室内主要地面定为零点的标高，并在设计说明中说明相对标高和绝对标高的关系，再由当地附近的水准点（绝对标高）来测定新建建筑物的底层地面标高。

建筑标高是指在相对标高中，建筑物及其构配件在完成装修、抹灰之后的表面标高，称为建筑标高，注写在构件的装饰层面上。

结构标高是指在相对标高中，建筑物及其构配件在未完成装修、抹灰之后的表面标高，是构件的安装或施工高度。结构标高分为结构底标高和结构顶标高。结构标高常常注写在结构施工图和屋顶平面图上。

2）标高的单位为m（米）；总平面图上的绝对标高数字注写在小数点后两位，如419.22，其余平面图上均注写至小数点后三位，如3.000。

3）零点标高的表示方法为"±0.000"；低于零点标高负标高应在数字前加"—"，如—0.300；数字前没有加注符号的，则表示高于零点标高。

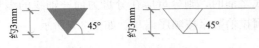

图2-8　标高符号画法

4）标高的符号为45°等腰直角三角形，高度约3mm。除总平面图中室外地面标高需要涂黑外，其余全部用细实线绘制，如图2-8所示。

5）标高符号90°的角点即为被注写的高度，90°角端可向上也可向下。标高数值写在右侧或者有引出线的一侧，引出线长与数字注写长度大致相同。如图2-9所示是常用标高符号的用法。

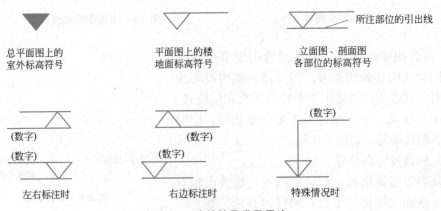

图2-9　建筑符号常见用法

（3）测量坐标和施工坐标

1）测量坐标是以我国咸阳市泾阳县永乐镇石际寺村境内的大地原点为零点，南北向轴线为 X，东西向轴线为 Y。一般采用间距为 100m×100m 或 50m×50m 十字交叉的符号表示。如图 2-10（a）所示。

2）施工坐标也称为建筑坐标，当房屋新开发地区时，国土管理部门无法提供准确的红线图时，可将建筑区域内某一点定位零点，采用 100m×100m 或 50m×50m 的方格网，沿建筑物主墙方向用细实线化成方格网。横墙方向轴线为 A，纵墙方向轴线为 B，如图 2-10（b）所示。

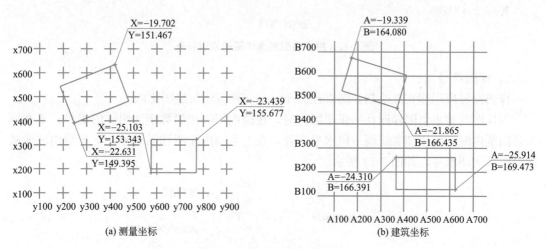

图 2-10　测量坐标与施工坐标

（4）索引符号和详图符号

由于平、立、剖面图比例较小，因而某些局部或构配件需用较大比例画出详图。详图需要用索引符号索引，在需要另绘详图的部位编上索引符号，并与所绘详图上编写的详图符号相一致，以便于查找。

1）索引符号

索引符号应用细实线绘制，圆直径为 10mm，圆中绘一细实线直径分开上、下半圆，上、下半圆各用阿拉伯数字编号。引出线指向被索引部位并应对准圆心。

上半圆数字为该详图的编号，下半圆则为该详图所在图纸的图纸号。当详图绘制在本页图纸当中，下半圆内为一短粗实线。

当索引出的详图采用标准图时，应在索引符号水平直径的延长线上注明该标准图例的编号（图 2-11）。

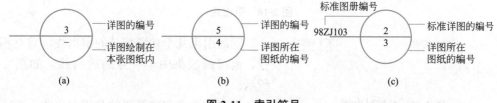

图 2-11　索引符号

索引的详图是局部剖面（或断面）详图时，索引符号应在引出线的一侧加画一剖切位置线，引出线所在一侧加画一剖视方向．当索引的详图为局部放大时，引出线旁边没有剖切为直线。如图 2-12 所示。

图 2-12　用于索引剖面详图的索引符号

2）详图符号

详图符号应用粗实线绘制，圆直径为 14mm，并应注写绘图比例。

当详图与被索引图样同在一张图纸内时，在圆内用阿拉伯数字注明详图编号；不在同一张图纸内时，应用细实线画一段水平直径，在上半圆内注明详图编号，下半圆内注明被索引图纸的图纸号，如图 2-13 所示。

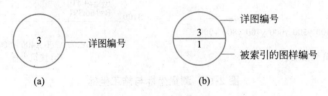

图 2-13　详图符号

（5）引出线

引出线应用细实线绘制，应采用水平方向的直线、与水平方向成 30°、45°、60°、90° 的直线，或经上述角度再折成水平的直线，文字说明宜注在水平横线的上方，如图 2-14（a）所示；也可写在横线的端部，如图 2-14（b）所示；索引详图的引出线，应对准索引符号的圆心，如图 2-14（c）所示。

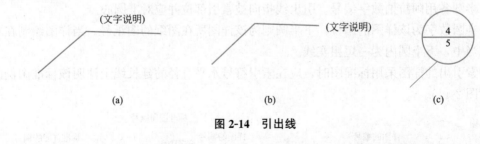

图 2-14　引出线

图 2-15　共同引出线

同时引出几个相同部分的引出线，宜互相平行，也可画成集中于一点的放射线，如图 2-15所示。

多层构造或多层管道的共用引出线，应通过

被引出的各层（或各管道）。文字说明宜注写在横线的上方，也可注写在横线的端部，说明的顺序应由上至下，并应与被说明的层次相互一致；如层次为横向排列，则由上至下的说明顺序，应由左至右的层次相互一致，如图 2-16 所示。

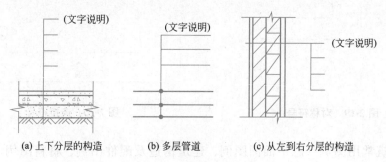

(a) 上下分层的构造　　(b) 多层管道　　(c) 从左到右分层的构造

图 2-16　多层构造引出线

（6）指北针及风向频率玫瑰图

用于指明建筑物方向的符号。除用于总平面图外，还常绘于底层建筑平面图上。其画法是：指北针的圆圈采用细实线绘制，直径为 24mm，尾宽宜为 3mm，指针头部应注"北"或"N"字，如图 2-17 所示。

风向频率玫瑰图简称风玫瑰图。风玫瑰图是在 8 个或 16 个方向线上，将一年中不同风向的天数分别按比例用端点与中心点的线段长度表示。风向由各方向吹向中心。端点离中心越远的方向表示此方向风向刮的天数越多，称为当地的主导风向。粗实线表示全年风向，虚线表示夏季风向。如图 2-18 所示。

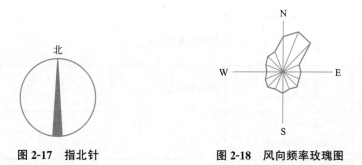

图 2-17　指北针　　　　　　　　　图 2-18　风向频率玫瑰图

在底层建筑平面图上应画上指北针，建筑总平面上画带指北针的风向频率玫瑰图。

（7）其他符号

1）对称符号

表示工程物体具有对称性的图示符号，如图 2-19 所示。该符号用细点画线绘制，平行线的长度宜为 6~10mm，每对平行线的间距宜为 2~3mm，平行线在中心线两侧的长度应相等。

2）连接符号

应以折断线表示需连接的部位，并以折断线两端靠图样一侧的大写拉丁字母表示连接编号，两个被连接的图样，必须用相同的字母编号，如图 2-20 所示。

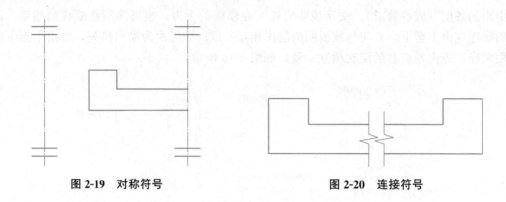

图 2-19　对称符号　　　　　　　　　　　　图 2-20　连接符号

（8）建筑常用图例（总平面图图例、建筑构造及配件图例、材料图例，见表 2-2～表 2-4）

总平面图图例　　　　　　　　　　　　表 2-2

名称	图例	说明
新建建筑物	$\frac{X-}{Y-}$　① 12F/2D　$H-59.00\mathrm{m}$	新建建筑物以粗实线表示与室外地坪相交处±0.000 外墙定位轮廓线 建筑物一般以±0.000 高度处的外墙定位轴线交叉点坐标定位 根据不同的设计阶段标注建筑编号，地上、地下层数，建筑高度，建筑出入口位置
原有建筑物		用细实线表示
计划扩建的预留地或建筑物		用中粗虚线表示
拆除的建筑物		用细实线表示
围墙及大门		
挡土墙	▽5.00　1.50	挡土墙根据不同的设计阶段的需要标注墙顶标高，墙底标高
挡土墙上设围墙		
填挖边坡		
原有道路计划扩建的道路		

续表

名称	图例	说明
拆除的道路		
标高	1. X105.00 Y425.00 2. A105.00 B425.00	1. 表示测量坐标系 2. 表示建筑坐标系坐标数字平行于建筑标注
方格网交叉点标高	−0.500 | 77.85 78.35	"78.35"为原地面标高 "77.85"为设计标高 "−0.50"为施工高度 "−"表示挖方("+"表示填方)
台阶及无障碍坡道	1. 2.	1. 表示台阶(级数仅为示意) 2. 表示无障碍坡道
室内地坪标高	151.00 (±0.00)	数字平行于建筑物书写
室外地坪标高	143.00	室外标高也可采用等高线
新建道路	0.30% 100.00 $R=6$ 107.50	"$R=6$"表示道路转弯半径为 6m,"107.50"为道路中心先交叉点标高,"100.00"表示变坡点之间距离,"0.30%"表示道路坡度,→表示坡向
落叶针叶乔木		
常绿阔叶乔木		
草坪		草坪,分人工草坪和自然草坪
花卉		
植草砖		

常用的建筑构造及配件图例 表 2-3

名称	图例	说明
楼梯	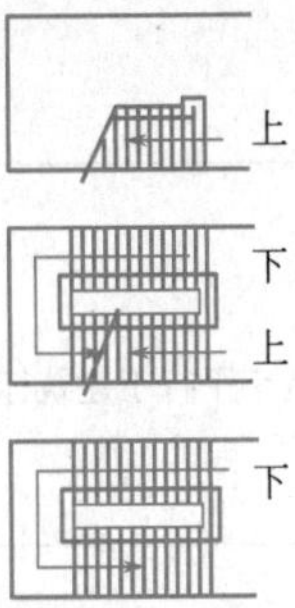	①上图为底层楼梯平面;中图为中层楼梯平面;下图为顶层楼梯平面 ②楼梯的形式及步数应按实际情况绘制
坡道	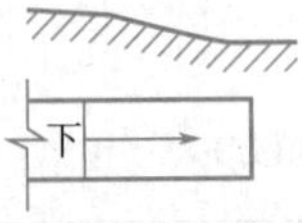	
检查孔		左图为可见检查孔右图不可见检查孔
孔洞		
坑槽		
墙预留洞	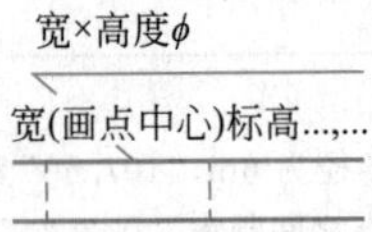 宽×高度φ 宽(画点中心)标高...,...	
烟道	宽×高×弧度φ 底(画点中心)标高...,...	
烟道	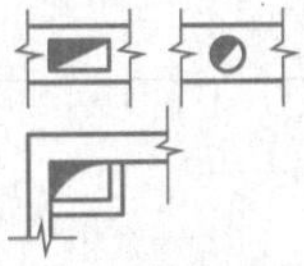	
通风道	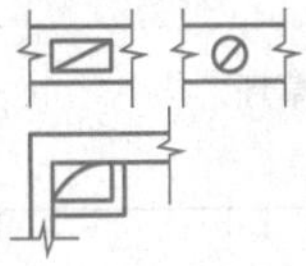	
空门洞	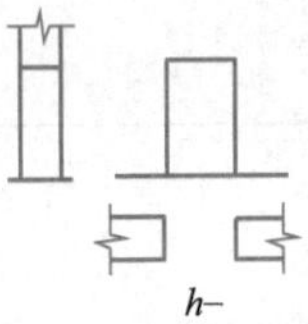 h−	

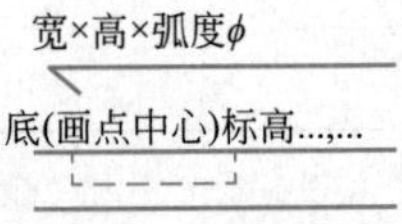

续表

名称	图例	说明
单扇门（包括平开或单面弹簧）	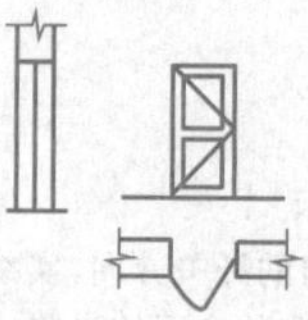	
单扇双面弹簧门	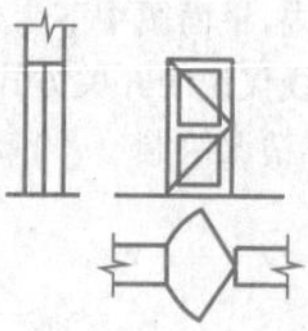	
双扇门（包括平开或单面弹簧）	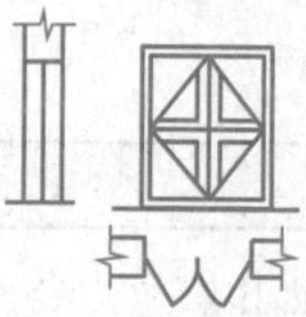	①门的名称代号用 M 表示 ②剖面图中左为外,右为内,平面图中下为外,上为内 ③立面图上开启方向线交角的一侧为安装合页的一侧,实现为外开,虚线为内开 ④平面图上的开启弧线及立面图上的开启方向线,在一般设计图上不需要表示,仅在制作图上表示 ⑤立面图形式应按实际情况绘制
双扇双面弹簧门	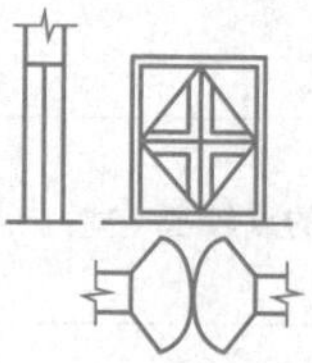	
对开折叠门	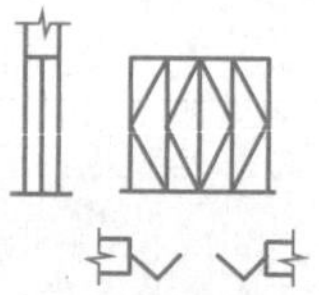	
单层固定窗	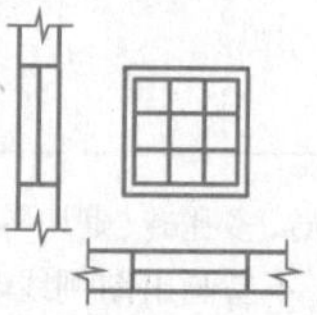	
单层外开上悬窗	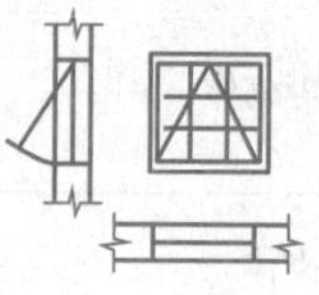	①窗的名称代号用 C 表示 ②立面图中的虚线表示窗的开关方向,实线为外开,虚线为内开;开启方向,线交角的一侧为安装合页的一侧,一般设计图中可不表示 ③剖面图中左为外,有为内,平面图中下为外,上为内 ④平面图、剖面图上的虚线仅说明开关方式,在设计图中不需要表示 ⑤窗的立面形式应按实际情况绘制
单层中悬窗	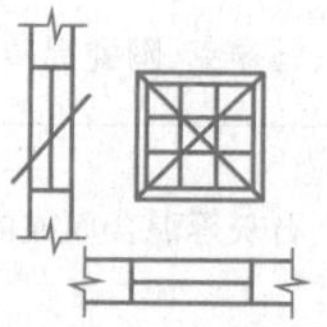	

续表

名称	图例	说明
单层外开平开窗	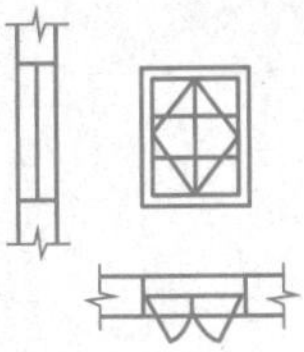	①窗的名称代号用C表示 ②立面图中的虚线表示窗的开关方向,实线为外开,虚线为内开;开启方向,线交角的一侧为安装合页的一侧,一般设计图中可不表示 ③剖面图中左为外,有为内,平面图中下为外,上为内 ④平面图、剖面图上的虚线仅说明开关方式,在设计图中不需要表示 ⑤窗的立面形式应按实际情况绘制
推拉窗	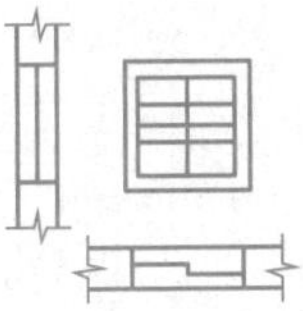	

建筑材料图例   表 2-4

序号	名称	图例	说明
1	自然土壤		包括各种自然土壤
2	夯实土壤		
3	砂、灰土	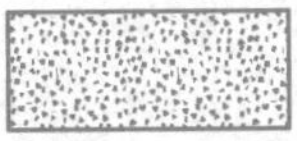	靠近轮廓线的点较密一些
4	砂砾石、碎砖三合土	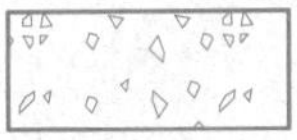	
5	石材	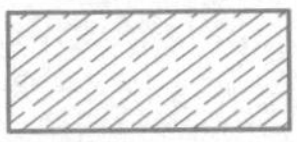	
6	毛石	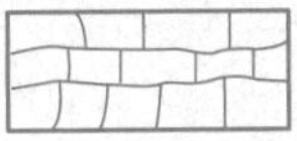	
7	普通砖	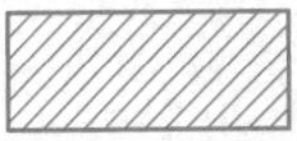	①包括实心砖、多孔砖、砌块等砌体 ②断面较窄,不易画出图例线时,可涂红
8	耐火砖		包括耐酸砖等砌体
9	空心砖		指非承重砖砌体
10	饰面砖		包括铺地砖、马赛克(陶瓷锦砖)、人造大理石等
11	焦渣、矿渣		包括与水泥、石灰等混合而成的材料

续表

序号	名称	图例	说明
12	混凝土	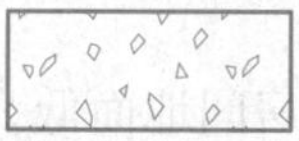	①本图例仅适用于能承重的混凝土及钢筋混凝土 ②包括各种强度等级、骨料、添加剂的混凝土 ③在剖面图上画出钢筋时,不画图例线 ④断面图形小时,不易画出图例线时,可涂黑
13	钢筋混凝土		
14	多孔材料	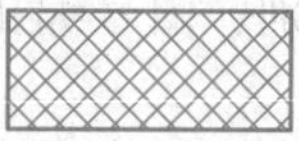	包括水泥珍珠岩、沥青珍珠岩、泡沫混凝土、非承重加气混凝土、泡沫塑料、软木等
15	木材	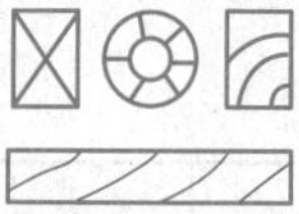	①左图为横断面,上左方为垫木、木砖或木龙骨 ②下图为纵断面
16	金属	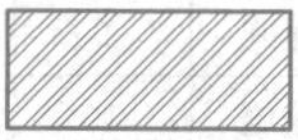	①包括各种金属 ②图形小时,可涂黑
17	玻璃		包括平板玻璃、磨砂玻璃、夹丝玻璃、钢化玻璃、中空玻璃、加气玻璃、镀膜玻璃等

单元 2.2　建筑施工图的识读

2.2.1　建筑施工图首页

建筑施工图的首页一般包括建筑设计总说明、图纸目录、门窗表、工程做法表、选用标准图集统计表等。如有相关的技术问题,则还需做专门的说明,如防火设计说明、节能专设计说明等。

1. 建筑设计总说明一般包含本施工图的设计依据、工程概况及经济技术指标,各项工程中在图纸上未能详细标明的材料、做法、具体要求及其他情况的具体说明。

建筑施工总说明示例:

施工总说明

(1) 工程概况:本工程为某办公楼,四层框架结构,首层层高为 4500mm,其余层为 3600mm;本工程建筑面积:1154.0m²。本工程设相对标高 ±0.000 相当于绝对标高 342.20m。

(2) 设计依据:

根据建设单位及有关部门认可的设计方案,建设单位提供的设计依据及条件。国家颁布的有关设计规范及标准:《房屋建筑制图统一标准》GB/T 50001—2017、《民用建筑设计统一标准》GB 50352—2019、《建筑设计防火规范(2018 年版)》GB 50016—2014 和

《建筑制图标准》GB/T 50104—2010。

（3）本工程耐火等级为2级，屋面防水等级为2级，建筑结构安全等级为2级，本建筑结构设计使用年限为50年。

（4）卫生间内0.5％坡向地漏，标高比相邻房间地面低20mm。

（5）未注明的门垛遇墙均为120mm，遇柱靠柱边，未注明的墙体厚度均为240mm。混凝土柱尺寸、构造柱位置详见结施，未注明的墙体均为实心黏土砖。

2. 图纸目录主要包括对本套图纸的图纸类别、图号编排、图纸名称及备注等，方便读图人员进行图纸查阅和排序。

图纸目录示例：

图纸目录

图别	编号	图名	备注	图别	编号	图名	备注
建施	1	设计说明 图纸目录 门窗表		建施	9	⑨～①立面图	
建施	2	总平面图		建施	10	侧立面图 1-1 剖面图	
建施	3	首层平面图		建施	11	楼梯详图 1	
建施	4	二层平面图		建施	12	楼梯详图 2	
建施	5	三层平面图		建施	13	楼梯详图 3	
建施	6	顶层平面图		建施	14	门窗大样 卫生间大样	
建施	7	屋顶平面图		建施	15	节点大样	
建施	8	①～⑨立面图					

3. 门窗表是将一栋房屋所使用的门窗做成列表，反映门窗的类型、编号、数量、尺寸规格等，以备施工和预算查阅。一般一套建筑施工图有一个门窗总表，当建筑形体较大，门窗较为复杂时，也可增加分层门窗表。

门窗表示例：

门窗表

类型	设计编号	洞口尺寸（mm）		樘数	备注
		宽	高		
窗	C0921	900	2100	6	白色塑钢窗
	C1221	1200	2100	4	白色塑钢窗
	C1515	1500	1500	3	白色塑钢窗
	C2121	2100	2100	11	白色塑钢窗
	C2421	2400	2100	15	白色塑钢窗
	C2428	2400	2400	4	白色塑钢窗
	C5421	5400	2100	1	白色塑钢窗
门	M0821	800	2100	6	塑钢百叶门
	M1521	1500	2100	16	玻璃门
	M3724	3700	2400	1	玻璃门

2.2.2　建筑总平面图

1. 图示方法及作用

建筑总平面图是将新建建筑物四周一定范围内的新建、原有及拆除的建筑物、构筑物连同周围的地形、地物用正投影的方法采用一定的比例绘制出的 H 面投影。它反映了建筑的定位，平面形状、位置和朝向，道路的行走关系，室外场地绿化等的布置，地形地貌及新建筑与周围环境的关系等。

建筑总平面图也是建筑施工定位、土方施工以及其他专业管线总平面图和施工总平面图设计的依据。

总平面的比例一般为 1∶500、1∶1000、1∶1500 等。

2. 表达内容

（1）图名和比例；

（2）新建建筑物轮廓线及定位尺寸、规划红线；

（3）新建建筑物周围的地形地物，与周围道路、相邻建筑的尺寸关系；

（4）新建建筑的名称、编号层数、总高度、标高关系等；

（5）建筑区域的朝向及常年风向频率；

（6）建筑区域道路尺寸、排水走向及绿化规划；

（7）补充图例及文字说明，如施工图的设计依据、尺寸单位、比例、高程系统、补充图例等。

上述内容可根据工程性质和实际情况需要进行选择，对于一些简单的工程可不绘出等高线、坐标网、绿化等。

3. 总平面图的识读

如图 2-21 所示为新建宿舍楼的总平面图。

2.2.3　建筑平面图

1. 图示方法及作用

建筑平面图主要是反映房屋的定位轴线、平面形状、功能布局、构件的形状和尺寸、门窗的类型及尺寸等，是施工放线、砌墙、安装门窗、室内外装修及编写预算等的重要依据。

建筑平面图是用假想的一个水平面沿略高于窗台上方的门窗洞口处将房屋剖开后，移去剖切以上的部分，对剖切面以下部分进行投影所得的水平投影图，称为建筑平面图，简称平面图。从另一个意义上来说，建筑平面图实际是水平剖面图。

屋顶平面图是从建筑物上方直接往水平面进行投影得到的，主要反应建筑的屋面坡度、屋顶布置及排水设计等。

建筑平面图比例一般采用 1∶100、1∶200 等。

2. 平面图数量及命名

一般来讲，建筑有几层就应该有几个建筑平面图和一个屋顶平面图。尤其是当建筑每

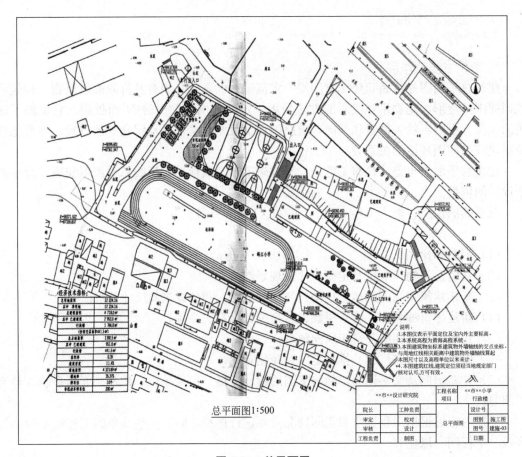

图 2-21　总平面图

一层的房间尺寸和功能布局有不同时，必须单独绘制每一层的建筑平面图。

（1）底层平面图

主要表示建筑物底层的平面形状，各个房间的平面布置及功能名称，出入口、走廊、楼梯的位置，各种门、窗的定形及定位等。特殊功能房间还应表示出可见固定设备及布置情况。底层平面图不仅反映建筑内部的布局，还应反映室外的可见台阶、散水、明沟、花坛等。底层平面图还应该标注出剖面图的剖切位置及投影方向，并画出指北针表示建筑的朝向。

（2）标准层平面图

标准层平面图除了要表达清楚本层的室内布置之外，还应画出本层的阳台和下一层的雨篷、遮阳板等。

当建筑的中间层的房间尺寸和功能布局有不同时，需要每层单独画出，其命名一般根据建筑的层数来命名，如"二层平面图""三层平面图"等。

当中间层的房间尺寸和功能布局完全相同时，可只画出一个共同的平面图，称为标准层平面图。当标准层平面图表示超过两层的平面图，可在图名上体现，如"二～四层平面图"；也可将图名标注为"标准层平面图"，用标高来表示。

（3）顶层平面图

顶层平面图与标准层平面图最大的不同为楼梯间的上下行关系，顶层的楼梯间只有下没有上，所以顶层平面图需要单独绘制。如建筑为上人屋面，楼梯通向屋顶，这时建筑的顶层若房间尺寸和功能布局与标准层相同时，也可以归为标准层平面图。

（4）屋顶平面图

屋顶平面图与其他平面的不同在于没有经过剖切，是从建筑物上方直接往水平面进行投影得到的，主要反映建筑的屋面坡度、屋顶布置及排水设计等。

3. 表达内容

（1）图名和比例；

（2）定位轴线的编号及间距；

（3）各类房间的功能名称、设备布置及分隔情况；

（4）平面图上的各部分尺寸。

建筑平面图上的尺寸分为外部尺寸和内部尺寸两种。

1）外部尺寸一般分为三道尺寸线：第一道尺寸线为总尺寸，是指建筑的外包尺寸，即从一端外墙到另一端外墙的尺寸；第二道尺寸线是定位轴线之间的尺寸，从该尺寸线上可以得到各个房间的开间和进深；第三道尺寸线为细部尺寸，是表示外墙上各个细部构造的定形和定位，如门窗的宽度和轴线间的距离等。

2）内部尺寸主要表示建筑物内部的门窗、孔洞、墙厚、设备等细部构造的大小和位置。

① 各组成部分的标高情况；

② 门窗的编号、定形及定位尺寸、数量等；

③ 房屋的朝向，剖切符号位置及投影方向、索引符号的位置；

④ 补充图例及文字说明。

4. 建筑平面图识读

（1）首层平面图的阅读

图 2-22 为某办公楼的平面图：

1）该图的图名为首层平面图，绘图比例为 1：100。

2）从图中的指北针可以看出该建筑为坐北朝南，主要出入口在南面 3、4 轴线之间，一楼室内地面标高为 ±0.000m，室外地坪标高为 −0.450m，室内外高差为 0.450m，设置三步台阶；北面 4、5 轴线之间设有次要出入口，并在该出入口设置了无障碍坡道。

3）图中横向定位轴线有 1～6 轴，竖向定位轴线有 A～E 轴，建筑的总长为 24.84m，总宽为 12.24m，墙厚为 240mm，；该建筑本层有四个功能房间，从左往右分别为便民服务办公室、大厅、办公室和楼梯间；各房间的开间和进深分别从轴线之间的尺寸读出，如楼梯间的开间为 3000mm，进深为 6000mm。

4）由门窗编号可知该建筑的门有两种类型，分别为 M1521、M3724，窗有四种类型，分别为 C1221、C2121、C2428、C5421。

5）剖切符号为转折剖切，在 2、3 轴线与 3、4 轴线之间；台阶、坡道与坡道扶手分别采用图集做法；1、2 轴线之间有编号为 1 的墙身大样索引符号；还可以从图中了解室外台阶、散水等大小和位置。

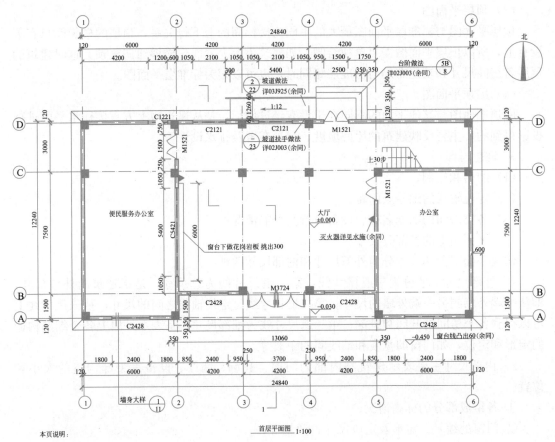

图 2-22　首层平面图

（2）标准层平面图的阅读

图 2-23、图 2-24 为该办公楼的标准层平面图，该办公楼的标准层有两层，分别二层平面图和三层平面图；两层的房间布置相同但与首层不同，二、三层的区别在楼梯的表达上；增加了一个功能房间卫生间，并且从图中可以得到卫生间的设备布置和位置情况；二、三楼地面标高分别为 4.500m、8.100m，二、三层卫生间标高分别为 4.470m、8.070m。

主要出入口和次要出入口位置均设置了雨篷，排水坡度分别为 1‰ 和 0.3‰，板面标高均为 4.300。

（3）顶层平面图的阅读

图 2-25 为该办公楼的顶层平面图，其布局与标准层相同，区别在于楼梯的表达，顶层楼梯表示从四楼到三楼两梯段的完整投影，没有进行剖切。

（4）屋顶平面图的阅读

图 2-26 为某办公楼的屋顶平面图：

该图绘图比例为 1∶100；本建筑屋面为不上人屋面，结构标高为 15.300m；屋面采

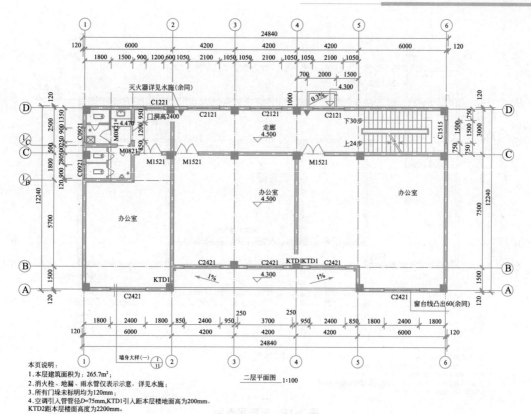

本页说明：
1. 本层建筑面积为：265.7m²；
2. 消火栓、地漏、雨水管仅表示示意，详见水施；
3. 所有门垛未标明均为120mm；
4. 空调引入管管径D=75mm,KTD1引入距本层楼地面高为200mm,
KTD2距本层楼面高度为2200mm。

图 2-23　二层平面图

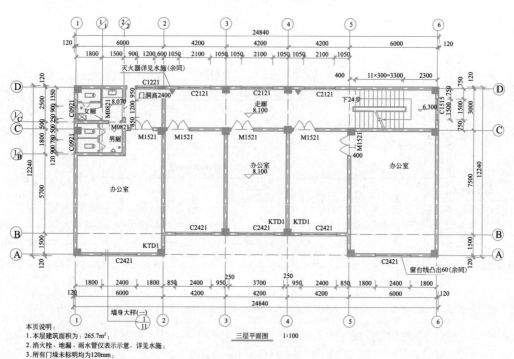

本页说明：
1. 本层建筑面积为：265.7m²；
2. 消火栓、地漏、雨水管仅表示示意，详见水施；
3. 所有门垛未标明均为120mm；
4. 空调引入管管径D=75mm, KTD1引入距本层楼地面高为200mm,
KTD2距本层楼面高度为2200mm。

图 2-24　三层平面图

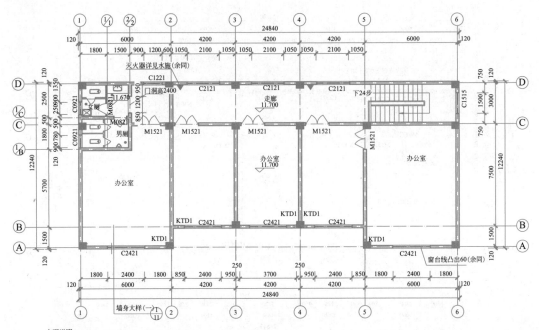

本页说明：
1. 本层建筑面积为：265.7m²；
2. 消火栓、地漏、雨水管仅表示示意，详见水施；
3. 所有门垛未标明均为120mm；
4. 空调引入管管径D=75mm，KTD1引入距本层楼地面高为200mm，
   KTD2距本层楼面高度为2200mm。

顶层平面图 1:100

图 2-25 顶层平面图

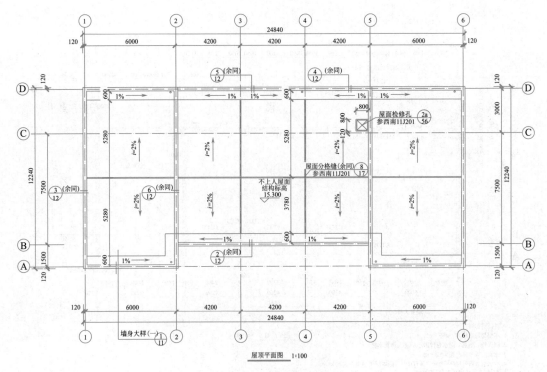

屋顶平面图 1:100

图 2-26 屋顶平面图

用女儿墙外排水，为有组织排水，屋面排水坡度为 2％；屋面天沟宽度为 600mm，排水坡度为 1％；屋面分格缝及检修孔采用西南图集相关图例；图中标有编号为 2、3、4、5、6 的墙身大样索引符号。

2.2.4　建筑立面图

1. 图示方法及作用

建筑立面图是用正投影的方法在与建筑立面平行的投影面上进行投影得到的。建筑立面图主要反映房屋的体型、各部位的高度、层数、门窗的形式、屋顶造型等建筑外貌及外墙装修情况。

建筑立面图比例一般采用 1∶100、1∶200 等。

2. 立面图数量及命名

房屋一般有多个立面，需要画出房屋的每个立面的图样。若房屋为简单的左、右对称建筑，正立面图和背立面图可各画一半合并成一图，在图的对称轴线处画一对称符号。平面形状曲折的建筑，可以绘制展开立面图，但应在图名后面注明"展开"二字，并加括号。

立面图的命名一般有三种：

（1）朝向命名：当建筑的朝向与方位偏差较小时，可以采用朝向来进行命名，如"南立面图""北立面图"等；

（2）立面主次命名：当建筑的主要出入口较为明显时，以面向建筑主要出入口为参考，分为"正立面""背立面"，右手边为"右立面"，左手边为"左立面"；

（3）以平面图上的首尾轴线命名：以面向该立面为参考，从左到右的轴线顺序来命名。如右手边第一根轴线编号为①，左手边第一根轴线为⑨，则该立面图应为"①~⑨立面图"。

3. 表达内容

（1）图名和比例。

（2）房屋的地坪及外轮廓线、勒脚、台阶、花池、门窗、雨篷、阳台、室外楼梯、墙柱、檐口、女儿墙、雨水管、墙面分格线等。

（3）立面图上各部分尺寸。

立面图上的尺寸也分为外部尺寸和内部尺寸两种。

外部尺寸一般分为三道尺寸线：第一道尺寸线为总尺寸，是指从建筑的室外地坪到女儿墙顶或檐口定的高度；第二道尺寸线是室内外高差、层高及女儿墙或檐口高度的标注；第三道尺寸线为细部尺寸，是表示外墙上临近轮廓线的各个细部构造的定形和定位，如门窗的高度和间距等。

内部尺寸内部尺寸主要表示立面轮廓范围内的门窗、孔洞、墙厚、设备等细部构造的大小和位置。立面图上的内部尺寸可以用标高来代替。

（4）立面上层高及主要部位的标高。

（5）建筑两端的定位轴线、编号及外包尺寸。

（6）外墙分格线、装修材料及做法。

（7）相关节点的索引符号的位置。

4. 建筑立面图识读

图 2-27 为某办公楼的立面图：

图 2-27　办公楼立面图

（1）该立面图命名以定位轴线命名，绘图比例为 1∶100；

（2）该建筑为四层，平屋顶，采用女儿墙外排水，两边女儿墙高为 1800mm，中间女儿墙高为 900mm；

（3）建筑室内外高差为 0.45m，建筑最高位置标高为 17.100m，建筑总高度为 17.55m；

（4）可以看到建筑主要出入口、台阶、窗户、雨篷等形状；

（5）建筑外墙面做有两种，分别为土黄色三色面砖和浅灰色外墙涂料。

2.2.5　建筑剖面图

1. 图示方法及作用

建筑剖面图是用一假想的铅垂面选择恰当的位置剖切房屋，移走观察者与剖切平面之间部分，将剩余部分进行正投影的得到的图样。建筑剖面图主要是表达建筑内部竖向空间的结构或构造情况、分层情况及空间的行走关系、细部构造及相关尺寸和标高。

建筑剖面图的比例一般与平、立面图相同，采用为 1∶100、1∶200 等。

2. 剖切位置及命名

剖面图的剖切位置和数量一般根据建筑自身的复杂程度而定，一般的剖切位置应选择在能够反映建筑物水平或竖向行走关系或是构造较为典型的部位，比如楼梯间、门窗洞口等，是与平、立面图相互配合的不可缺少的图样之一。

剖面图的命名应与底层平面图上的剖切符号相一致。

3. 表达内容

（1）图名和比例。

（2）房屋的内部构造、结构形式和所用的建筑材料等内容；一般可用多层构造说明法表示，用引出线指向被说明部位，并顺序通过各层。文字说明注写在横线上方或端部，并按照被说明部位的构造层次，逐层顺序说明。说明顺序由上至下，由左至右。如果另画有详图或已在施工总说明中阐明，在剖面图中可用索引符号引出说明，也可不作任何标注。

（3）剖面图上各部分尺寸：剖面图上的尺寸标注与立面图的尺寸标注要求一致。

（4）剖面上的层高及主要部位的标高。

（5）被剖切到的结构构件的定位轴线、编号及相关尺寸。

（6）屋面女儿墙、檐口及屋面排水坡度。

4. 建筑剖面图识读

图 2-28 为某办公楼的 1-1 剖面图：

（1）从图名和轴线编号与底层平面图上的剖切位置和轴线编号对照，可知 1-1 剖面为转折剖面图。

（2）剖切位置从 2、3 轴线之间，在门厅位置转折至 3、4 轴线间，移去剖切符号右边部分，将剩余部分往左边投影。

（3）从图中可以看到本建筑为四层，屋顶形式为平屋顶，被剖切部分的女儿墙高度为 900mm。

（4）可以读出该建筑的室内外高差、层高及建筑总高度。

（5）各个房间的功能名称及水平方向的行走关系。

（6）图中门窗的高度及窗台的高度。

2.2.6 建筑详图

建筑平面图、立面图、剖面图表达出建筑的外形、平面布局、墙柱楼板及门窗设置和主要尺寸，但因反映的内容范围大，使用的比例就较小，因此对建筑的细部构造就难以表达清楚。为了满足施工要求，对房屋的细部构造用较大的比例、详细地表达出来，这样的图称为建筑详图，有时也叫做大样图。常用的比例有 1：25、1：20、1：10、1：5、1：2、1：1 等。通常有局部构造详图（如墙身、楼梯等详图）、局部平面图（如住宅的厨房、卫生间等平面图），以及装饰构造详图（如墙面的墙裙做法、门窗套装饰做法等）详图。

对于套用标准图或通用详图的建筑构配件和剖面节点，只要注明所套用图集的名称、编号或页次即可，不必再画出详图。

1. 楼梯平面图

（1）图示方法

楼梯的平面图用假想的水平面沿楼梯的上行梯段中间进行剖切，移去剖切平面以上的

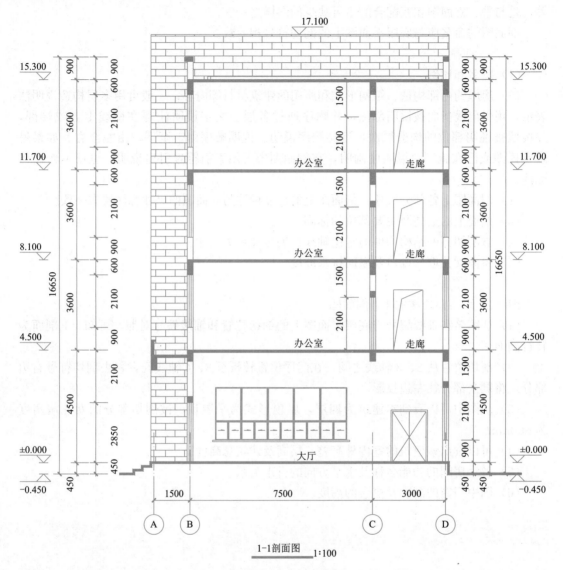

图 2-28　办公楼剖面图

部分，将剩余部分往水平面进行正投影得到的图样。

由于底层楼梯只有上行梯段没有下行梯段，中间层楼梯有上行和下行梯段，而顶层楼梯只有下行梯段。所以楼梯平面图应该绘制底层平面图、标准层平面图和顶层平面图。当中间层各层构造不同时也需分别画出。图名的表示方法同建筑平面图。

楼梯平面图比例一般采用 1∶50、1∶40、1∶30。

（2）表达内容

1）图名和比例；

2）楼梯间的轴线及编号、开间、进深、墙体厚度、门窗；

3）梯段的长度、宽度及踏步的宽度和数量，即梯段长度＝（踏步个数－1）×踏步宽度；

4）平台（包括中间平台和楼层平台）的形式、位置、宽度及标高；

5）各梯段的起始尺寸、梯井的宽度。

2. 楼梯平面图识读

图 2-29 为某办公楼楼梯的首层平面图，从图中可以看出该楼梯为双跑平行楼梯，从一楼到二楼一共需要 30 个踏步，单边梯段一共 15 个踏步，每个踏步尺寸为 300mm；底层楼梯间标高为±0.000。

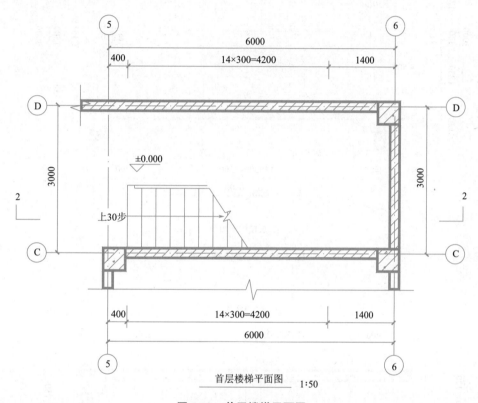

首层楼梯平面图　1:50

图 2-29　首层楼梯平面图

图 2-30 为楼梯的二层平面图，从图中可以看出从二楼到一楼一共需要 30 个踏步，从二楼到三楼需要 24 个踏步，每个踏步尺寸均为 300mm；梯段宽度为 1230mm，梯井宽度为 300mm；二楼楼层平台标高为 4.500m，转弯平台标高为 2.250m。

图 2-31 为楼梯的三层平面图，从图中可以看出从三楼到二楼一共需要 24 个踏步，从二楼到三楼也需要 24 个踏步，每个踏步尺寸均为 300mm；楼层平台标高为 8.100，转弯平台标高为 6.300m。

图 2-32 位楼梯的顶层平面图，从图中可以看出从四楼到三楼一共需要 24 个踏步，临空部分使用栏杆封闭；楼层平台标高为 11.700m，转弯平台标高为 9.900m。

3. 楼梯剖面图

（1）图示方法

楼梯剖面图是一般是用一假想的铅垂面沿楼梯的上行梯段进行剖切，移去剖切的一部分上行梯段，将剩余部分向下行梯段方向投影得到的图样。当中间各层楼梯构造相同时，

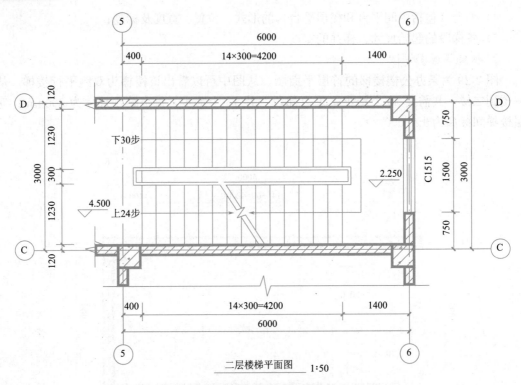

图 2-30　二层楼梯平面图

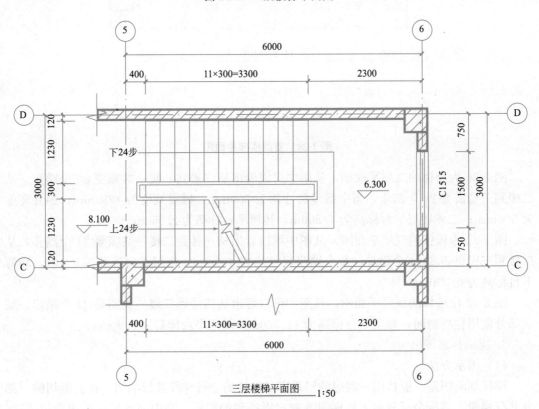

图 2-31　三层楼梯平面图

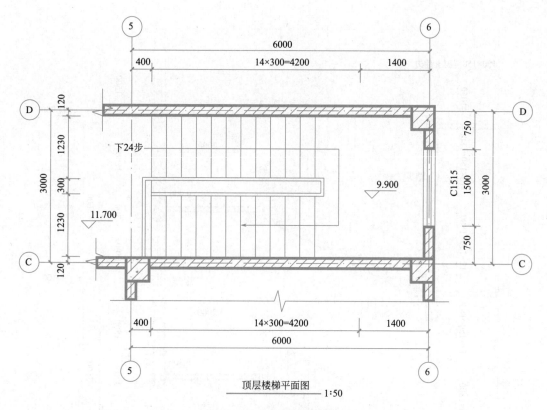

顶层楼梯平面图 1:50

图 2-32　顶层楼梯平面图

中间部分可以用折断线省略。

楼梯剖面图比例一般采用 1:50、1:40、1:30。

（2）表达内容

1）图名和比例；

2）楼梯间的轴线及编号、开间、层高、墙体厚度、门窗；

3）楼梯的结构形式、材料；

4）梯段的高度、踏步的高度和数量，即梯段高度＝踏步个数×踏步高度；

5）平台（包括中间平台和楼层平台）的宽度和标高、栏杆和扶手高度；

6）相关节点的索引符号。

4. 楼梯剖面图识读

图 2-33 为某办公楼的楼梯剖面图，从图中可以看出该楼梯为双跑平行楼梯，并且是等跑板式楼梯，开间为 6000mm；一层层高为 4500mm，从一楼到二楼一共需要 30 个踏步，每个踏步高为 150mm；其余层层高为 3600mm，每层踏步为 24 个，每个踏步高为 150mm；从图中还可以读出每层楼层平台和转弯平台的宽度；顶层水平段栏杆高度为 1050mm，并且下方有 100mm×150mm 的混凝土翻边。

5. 楼梯节点详图

（1）表达内容

楼梯节点详图的图名应与其他楼梯大样中的索引符号一致。大样内容一般包括踏步、

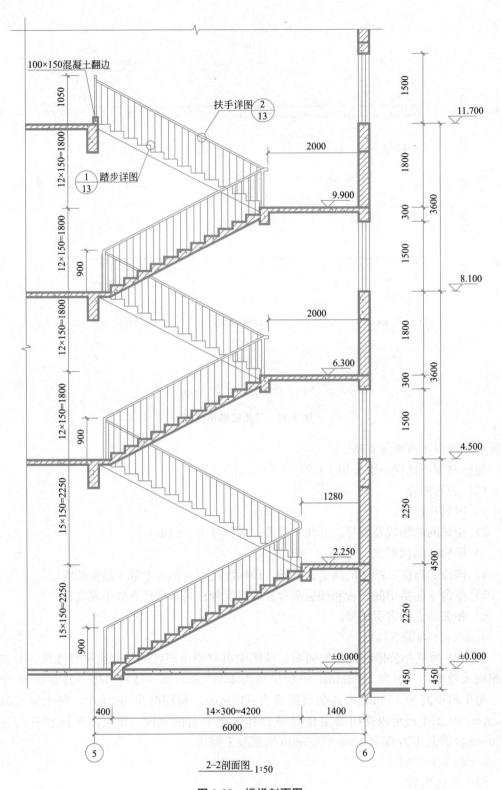

图 2-33　楼梯剖面图

栏杆和扶手的材料、做法，还应表示踏步防滑条、栏杆与踏步连接、栏杆与扶手连接等节点做法。也可以在标准图集中选用这些构造节点的做法。

楼梯节点详图采用的比例一般有 1 : 5、1 : 10、1 : 20。

（2）楼梯节点详图识读

如图 2-34 所示，为踏步防滑条做法及扶手安装做法详图。

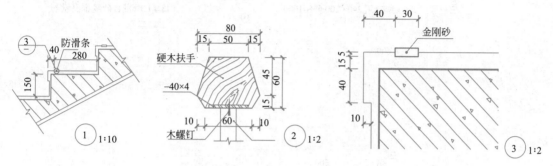

图 2-34　楼梯节点详图

6. 墙身节点详图（图 2-35）

（1）图示方法

墙身节点详图实际上为局部剖面的放大图，宜从剖面图中直接引出，且剖视方向也应一致，以便对照看图。

墙身详图一般多取建筑物的外墙部位绘制，若多层房屋中间各层的做法一致，则可只画出中间层和顶层表示。墙身详图表达了房屋的屋面、楼地面、女儿墙、檐口、窗台、门窗顶、勒脚、散水、明沟等处的构造及楼板与墙身的连接情况等，是施工和预算的重要依据。

墙身详图常用比例为 1 : 20，画图时可在窗洞中间断开成为各节点的组合图，也可单独画出各节点。窗洞中间断开时，洞口的尺寸标注仍按照实际尺寸标注。

（2）表达内容

1）图名和比例，详图的图名应与其他图样中的索引符号一致；

2）外墙墙角位置的室外地坪、散水、明沟、勒脚、防潮层、室内地坪的材料及做法；

3）楼层标高处楼板的结构构造、门窗过梁、圈梁、窗台、踢脚的标高构造做法；

4）屋面构造、女儿墙及压顶、泛水构造、雨水管；

5）标高、墙身细部构造尺寸标注。

（3）墙身节点大样识读

2.2.7　门窗详图

表达内容

（1）门窗分格大样

门窗分格大样主要表示门窗洞口的外形尺寸、分格尺寸、开启方式及方向。图样中一般标注两道尺寸线，第一道为门窗洞口的总尺寸，第二道为门窗的分格尺寸。

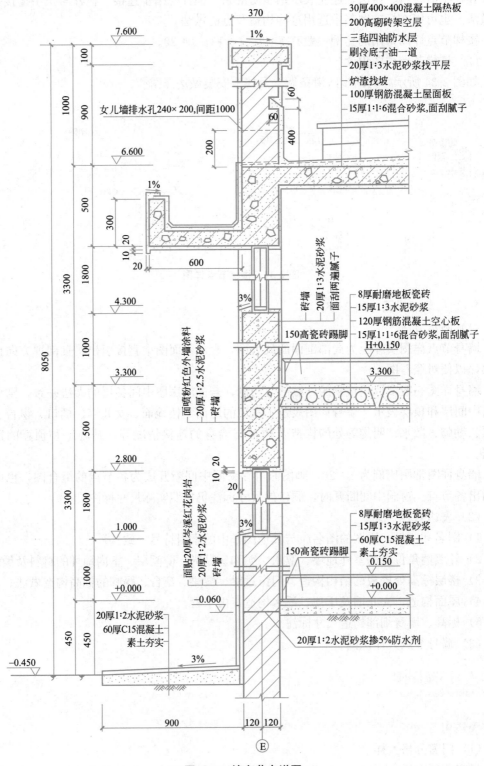

图 2-35　墙身节点详图

门窗分格大样一般采用的比例为 1∶50。

（2）门窗框节点大样

门窗框的节点大样根据门窗框采用的材料绘制出各框、扇料的断面图形、各构件用料表及五金零件表等。

（3）门窗表及文字说明

门窗表是将一栋房屋所使用的门窗做成列表，反映门窗的类型、编号、数量、尺寸规格等，以备施工和预算查阅。文字说明则是对门窗安装、相关材料及技术要等加以说明。

门窗表及文字说明也可以放在建筑首页图纸中。

（4）门窗详图识读（图 2-36）

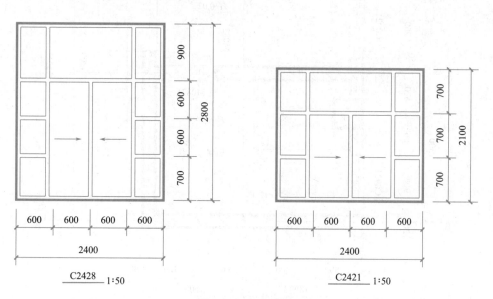

图 2-36　门窗详图

2.2.8　建筑局部平面详图

1. 表达内容

建筑局部平面详图实际是建筑平面图的放大图，将建筑平面内部的细部尺寸、设备布置等详细表达出来，为后期结构、设备施工图的绘制提供参考。需要绘制局部平面图的房间一般有用水房间（如卫生间、厨房、生活阳台等）、有家具及设备布置的房间（如教室、厂房车间、机房等）。

建筑局部平面图一般采用的比例为 1∶50。

2. 建筑局部平面详图识读

图 2-37 为某办公楼的卫生间大样平面图，绘图比例为 1∶50，与整层平面图相比，大样绘制出了卫生洁具的定位及分格尺寸，地面排水坡度等。

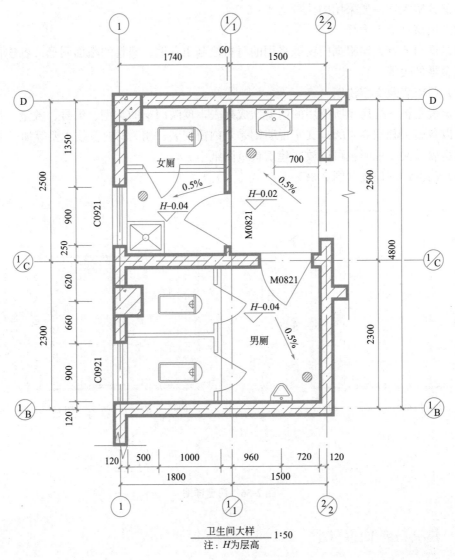

卫生间大样 ——— 1:50
注：H为层高

图2-37 卫生间大样

复习思考题 🔍

1. 建筑施工图的作用是什么？包括哪些内容？

2. 建筑平面图是怎样形成的？其主要内容有哪些？

3. 建筑平面图中的尺寸标注主要包括哪些内容？

4. 建筑立面图的命名规则是什么？

5. 建筑剖面图的主要内容有哪些？

6. 试说明索引符号与详图符号的绘制要求及两者之间的对应关系。

7. 墙身节点详图主要是用来表达建筑物上哪些部位的？

8. 楼梯详图的主要内容是什么？

9. 绘制平面图的主要程序有哪些？

10. 为什么立面图中仍要标注标高？

11. 当图纸比例为多少时，就应与在被剖切到的构件中画出图例符号？

单元 2.3　建筑施工图的绘制

2.3.1　一层平面图的绘制

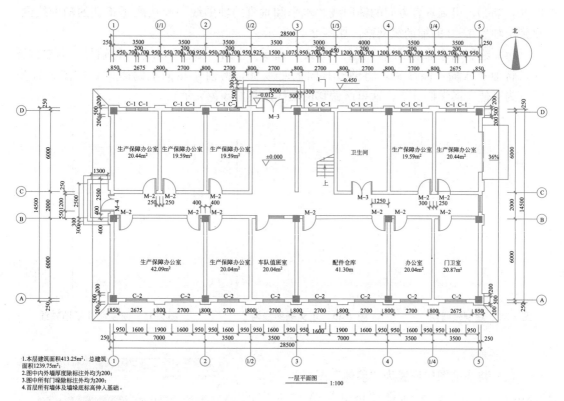

一层平面图　1:100

1. 本层建筑面积413.25m²，总建筑面积1239.75m²；
2. 图中内外墙厚度除标注外均为200；
3. 图中所有门垛除标注外均为200；
4. 首层所有墙体及墙垛底标高伸入基础。

绘制步骤：

1. 设置图层

单击"格式"选项卡中的"图层"命令。在图层特性管理器中选择"新建图层"按钮 ，创建轴线、墙体、标注、门窗、楼梯、散水、文字等图层，然后修改各图层的颜色、线型、线宽。如图 2-38 所示。

绘图环境和图层

2. 绘制轴线网

（1）将当前图层设置为轴线图层。

（2）点击"绘图"选项卡中的"构造线"命令，绘制一条水平和一条垂

轴网的绘制

图 2-38　设置图层

直的构造线，组成"＋"构造线。如图 2-39 所示。

（3）点击"修改"选项卡中的"偏移"命令。将水平构造线分别向上偏移 6000，2000，6000；得到水平方向的辅助线。然后将垂直构造线分别向右偏移 3500，3500，3500，3500，得到垂直方向的辅助线。水平和垂直的辅助线一起构成了正交的辅助线网，得到了轴号 1～3 的辅助线网格。如图 2-40 所示。

（4）绘制墙体辅助轴线，点击"修改"选项卡中的"偏移"命令。将轴号 1 向左偏移 50，将轴号 A 向下偏移 50，将轴号 B 向上偏移 50，将轴号 D 向上偏移 50。如图 2-41 所示（为了便于同学们分辨，这里所偏移的轴线用其他颜色表示）。

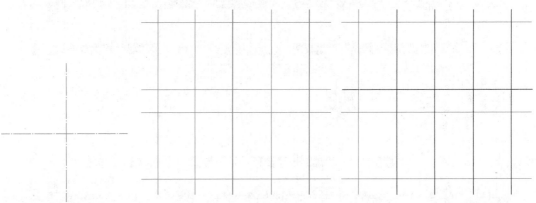

图 2-39　绘制轴线网　　　　图 2-40　正文辅助线网　　　　图 2-41　绘制墙体辅助轴线

3. 绘制墙体

（1）将当前图层设置为"墙体"图层。

墙线的
绘制

　　（2）选择"格式"选项卡中的"多线样式"命令，如图 2-42 所示。点击"添加"按钮，弹出创建新多线样式对话框，将新样式名称命名为"200"，如图 2-43 所示。然后点击"继续"按钮，选择直线的"起点"和"端点"，将元素列表中的偏移量改为"100"和"－100"，如图 2-44 所示。

（3）点击"确定"按钮，返回"多线样式"对话框，将多线样式"200"设置为当前。

图 2-42　选择"多线样式"命令

图 2-43　将新样式名称命名为"200"

图 2-44　修改偏移量

（4）选择"绘图"选项卡中的"多线"命令。根据下方命令栏提示开始操作，输入对正的命令"J"，将对正的方式改为"下"，即输入命令"B"。然后输入比例的命令"S"，把多线的比例设为"1"。

（5）选择"绘图"选项卡的"多线"命令，根据辅助线网格绘制轴号 1～3 边缘处的墙体线和 B 轴线处的墙体线。如图 2-45 所示（绘制完成后，可将墙体绘制辅助轴线删除）。

（6）选择"绘图"选项卡的"多线"命令，根据下方命令栏提示开始操作，输入对正的命令"J"，将对正的方式改为"无"，即输入命令"Z"。根据辅助线网格绘制轴号 1～3 里面的墙体线。如图 2-46 所示。

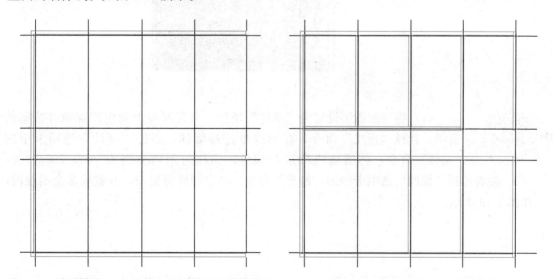

图 2-45　绘制轴号 1～3 边缘处和 B 轴线处的墙体线　　　图 2-46　绘制轴号 1～3 的墙体线

（7）双击墙体，弹出多线编辑工具对话框，选择"T 形打开""T 形合并"命令，如图 2-47 所示，进行编辑，修改墙体。或者点击"修改"选项卡中的"分解"命令，将多线分解，然后点击"修改"选项卡中的"修剪"命令。如图 2-48 所示。

图 2-47 选择"T形合并"

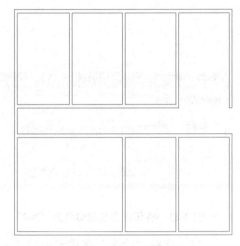

图 2-48 点击"修剪"

绘图小技巧

在绘图过程中可在图层特性管理器中，将轴线图层锁定。

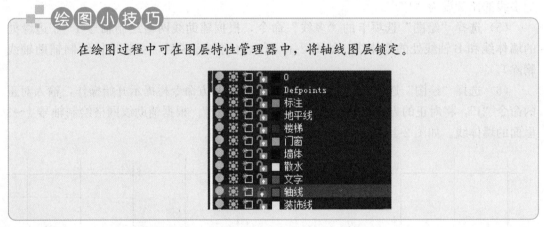

4. 绘制门窗

门的绘制

（1）将当前图层设置为"墙体"图层，首先画左上角生产保障办公室的窗洞。选择"直线"命令，在轴线处连接墙体，点击"修改"选项卡中的"偏移"命令，将所画线段进行偏移，偏移的距离分别为 950，700，200，700。接着选择"修改"选项卡中的"修剪"命令，将窗洞修剪出来，并删除多余的线段，如图 2-49 所示。

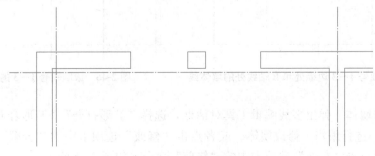

图 2-49 修剪窗洞

（2）接着按照以上方法，在需要画门洞或者窗洞的轴线处作一条辅助线，然后运用"直线"命令，"修剪"命令，画出门窗的位置，并修剪出门洞和窗洞。如图 2-50 所示。

（3）将当前图层设置为"门窗"图层，单击"格式"选项卡中"多线样式"命令，点击添加按钮，新建样式名为"C"，如图 2-51 所示。添加两个元素，分别输入距离为 25，－25，点击确定，将其设为当前。如图 2-52 所示。

（4）在"绘图"选项卡中选择"多线"命令，绘制出所有窗户。如图 2-53 所示。

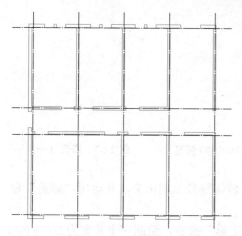

图 2-51　新建样式名为"C"

图 2-50　画出门窗位置并修剪出门洞和窗洞

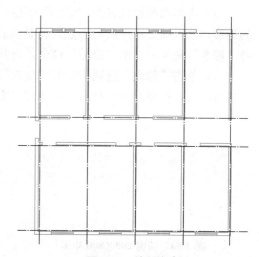

图 2-52　修改多线样式"C"

图 2-53　绘制窗户

（5）绘制单开门，可先在图纸的任意位置进行绘制，点击选项卡中的"矩形"命令，输入长宽为 1000×50 的矩形。然后点击"绘图"选项卡中"圆弧"选项中的"圆心、起点、端点"，绘制门。如图 2-54 所示。

（6）单击"修改"选项卡中的"镜像""旋转"以及"移动"命令，可对门进行修改，根据图纸门的位置，将所有的门绘制完成，如图 2-55 所示。

5. 修改墙体

（1）将当前图层设置为"墙体"图层，单击"矩形"命令，

图 2-54　绘制单开门

绘制一个长宽为 $850×900$ 的矩形，然后捕捉矩形的中心点，将其放在轴线1和A交汇处。如图 2-56 所示。然后选择"修改"选项卡中的"修剪"命令，对其进行修剪，如图 2-57 所示。

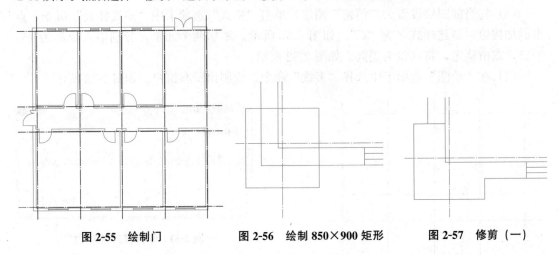

图 2-55　绘制门　　　　图 2-56　绘制 850×900 矩形　　　　图 2-57　修剪（一）

（2）按照上列方法，将轴线1和D交汇处突出墙体部分绘制出来，并运用"修剪"命令，将多余的线段进行修剪。

（3）将当前图层设置为"墙体"图层，单价"矩形"命令，绘制一个长宽为 $200×800$ 的矩形，然后捕捉矩形的中心点，将其放在轴线2和A交汇处。如图 2-58 所示。然后选择"修改"选项卡中的"修剪"命令，对其进行修剪，如图 2-59 所示。

（4）单击"修改"选项卡中的"复制"命令，将突出墙体部分复制到想要位置，然后再进行修剪，按照此方法将所有墙体修改完成，如图 2-60 所示。

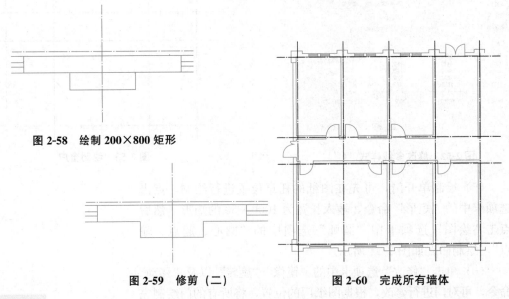

图 2-58　绘制 200×800 矩形

图 2-59　修剪（二）　　　　图 2-60　完成所有墙体

柱的绘制

6. 绘制柱

（1）将当前图层设置为"墙体"图层，单击"矩形"命令，绘制一个长宽为 $500×500$ 的矩形，然后单击"绘图"选项卡中的"图案填充"命令，选择"样例"为"SOLID"，添加拾取点为所画矩形，点击确定，如图 2-61 所示。

（2）选择"修改"选项卡中的"复制"命令，将柱子复制到图纸所在处，如图 2-62 所示。

图 2-61　绘制 500×500 矩形

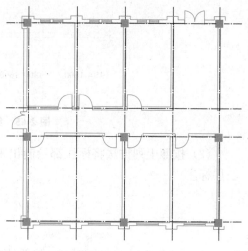

图 2-62　复制柱子

7. 绘制踏步

（1）将当前图层设置为"楼梯"图层。

（2）单击"直线"命令，绘制出踏步。单击"直线"命令，在轴线 B 处画一根长为 1300 的线段，然后单击"修改"选项卡中的"偏移"命令，将线段偏移 75，删除原线段。再次单击"直线"命令，输入线段的长度分别为 2500，1300。如图 2-63 所示。

（3）单击"修改"选项卡中的"偏移"命令，指定偏移的距离为 300，将踏步的三条线段分别向外偏移两次。然后单击"修改"选项卡中的"倒角"命令，将相邻的两条线段进行倒角，踏步绘制完成。如图 2-64 所示。

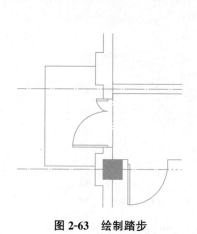

图 2-63　绘制踏步

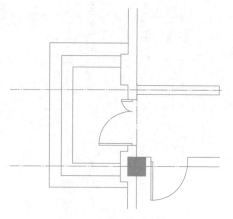

图 2-64　踏步绘制完成

8. 绘制标注

（1）将当前图层设置为"标注"图层。

（2）按照前面章节内容，将标注样式和字体样式设置完成。单击"标注"

尺寸标注

选项卡中的"线性",标注完一个尺寸后,单击"标注"选项卡中的"连续",将第一道尺寸标注完成,如图 2-65 所示。

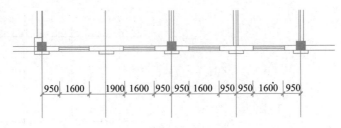

图 2-65　绘制第一道尺寸标注

（3）按照上列方法将标注都绘制出来。如图 2-66 所示（注意：暂时不标注 X 轴的第三层标注）。

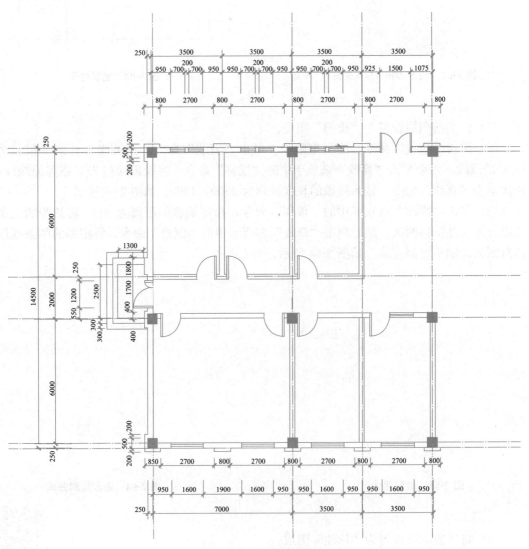

图 2-66　绘制所有标注

9. 绘制轴线号标注

（1）单击"绘图"选项卡中的"圆"命令，在轴线段绘制一个直径为 400 的圆。单击"绘图"选项卡中"文字"栏下的"多行文字"命令，根据命令提示栏，指定第一个角点为圆心，输入对齐方式"J"，输入正中"MC"，接着输入字高"H"，指定文字的高度为"350"，回车后输入"A"。再绘制一条直线为 1800，将 A 轴线移动至轴线处。如图 2-67 所示（注意：此时字体的样式应该为 XT）。

图 2-67　绘制直径为 400 的圆

（2）单击"修改"选项卡中的"复制"命令（快捷键：CO），将竖向轴号复制，然后再双击文字修改字母。如图 2-68 所示。

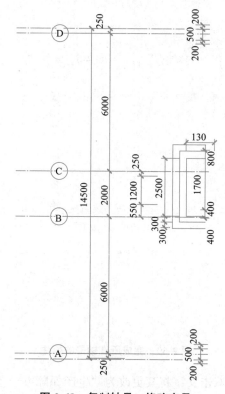

图 2-68　复制轴号，修改字母

（3）按照上列所说方法，完成所有轴号的标注，如图 2-69 所示。

10. 绘制文字标注

（1）单击"绘图"选项卡中"文字"下拉菜单里的"单行文字"命令，输入文字的样式"S"，选择样式为"XT"，然后指定文字高度为 350，指定文字的旋转角度为 0°，输入文字"C-1"。如图 2-70 所示。

（2）单击"修改"选项卡中的"复制"命令，将门窗进行标注，双击文字进行修改。如图 2-71 所示。

（3）单击"修改"选项卡中的"复制"命令，复制文字"C-1"文字，然

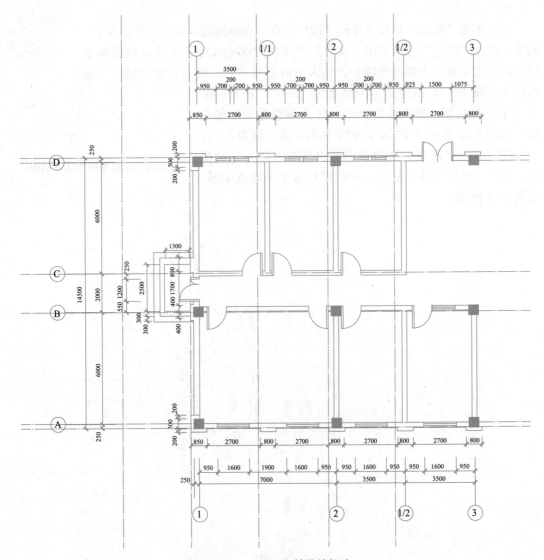

图 2-69　完成所有轴号的标注

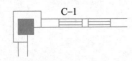

图 2-70　输入文字"C-1"

后双击文字将其更改为"生产保障办公室""车队值班室",并将文字样式修改为"HZ",修改完成后继续使用复制命令,复制文字到指定的位置。然后再次复制"C-1"文字,将其更改为各房间的平方数。如图 2-72 所示。

11. 墙体编辑

(1)复制墙体

打开轴线,将所画图形全部选中,单击"修改"选项卡中的"复制"命令,将轴线 1 复制于轴线 3 处,然后单击"修改"选项卡中的"镜像"命令,将轴线 A~轴线 D 镜像。如图 2-73 所示。

(2)修改墙体

单击"修改"选项卡中的"偏移"命令,将轴号 3 向右偏移,指定偏移的距离为

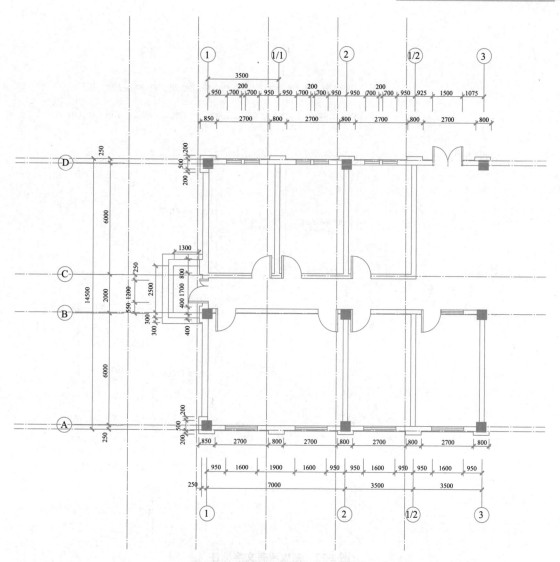

图 2-71　复制标注并进行文字修改

3500，然后单击"修改"选项卡中的"删除"命令删除附近多余的部分。如图 2-74 所示。

（3）补绘墙体

将当前图层设置为"墙体"，单击"绘图"选项卡中的"多线"命令，补绘出墙体部分，接着双击墙体，弹出"多线编辑工具"对话框，对墙体进行编辑。如图 2-75 所示。

12. 门窗编辑

（1）绘制门洞、窗洞

将当前图层设置为"墙体"图层，首先需要画窗洞的轴线处做一条辅助线，选择"直线"命令，在轴线处连接墙体，点击"修改"选项卡中的"偏移"命令，将所画线段进行偏移，按照图纸尺寸进行偏移。接着选择"修改"选项卡中的"修剪"命令，将窗洞修剪出来，并删除多余的线段。如图 2-76 所示。

窗的绘制

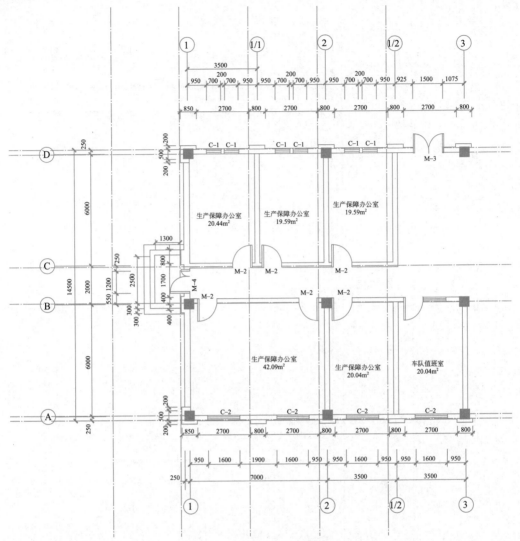

图 2-72 完成所有文字标注

（2）绘制卷帘门

将当前图层设置为"门窗"图层，单击"矩形"命令，输入矩形的长度 50，输入矩形的宽度 3000，选择所画矩形，将其线型更改为"虚线"。如图 2-77 所示。

（3）绘制门

图纸中未绘制的门为 M-2 和 M-3，单击"修改"选项卡中的"复制"命令，分别将这两种类型的门复制到指定位置，并一同复制文字。如图 2-78 所示。

（4）绘制窗

单击"绘图"选项卡中的"多线"命令，将多线的样式更改为"C"，在指定位置位置出窗户，如图 2-79 所示。

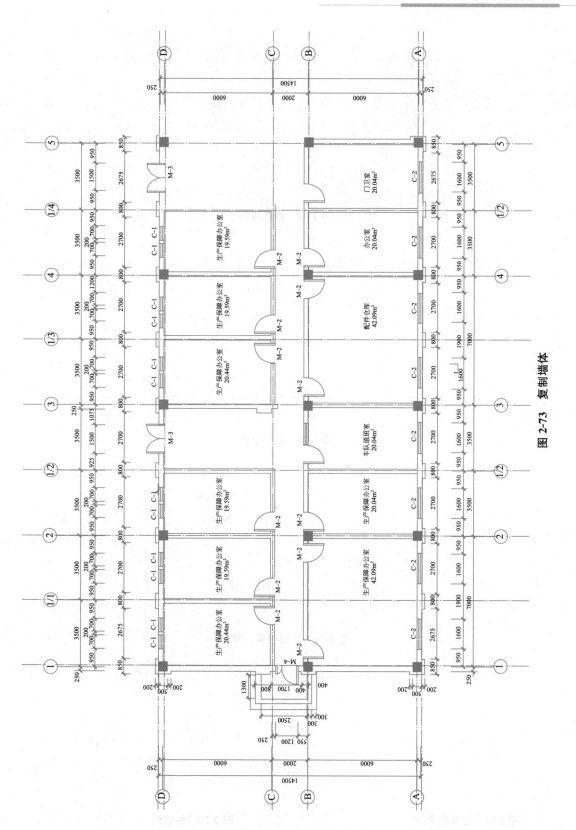

图 2-73 复制墙体

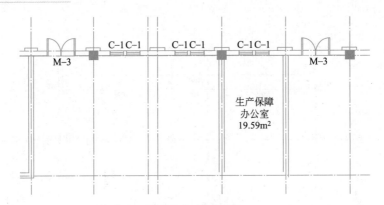

图 2-74　修改墙体

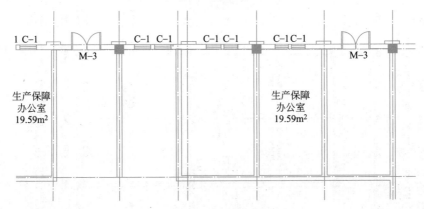

图 2-75　补绘墙体

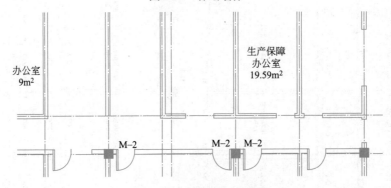

图 2-76　绘制门洞、窗洞

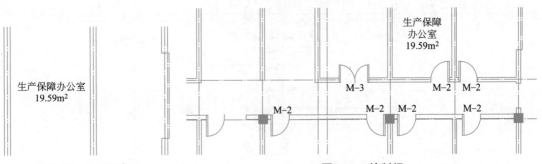

图 2-77　绘制卷帘门　　　　　　　　　　图 2-78　绘制门

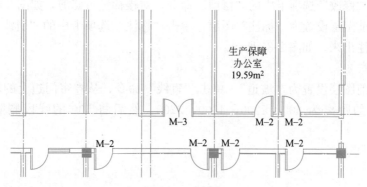

图 2-79　绘制窗

13. 绘制踏步

将当前图层设置为"楼梯"图层，单击"直线"命令，输入指定的距离绘制出轴线 1/2 和轴线 3 处的第一阶踏步，然后单击"修改"选项卡中的"偏移"命令，指定偏移的距离为 300，绘制出第二阶和第三阶踏步。接着，单击"修改"选项卡中的"倒角"命令，将踏步绘制完成。如图 2-80 所示。

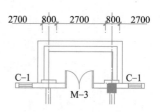

图 2-80　绘制踏步

14. 绘制楼梯

（1）将当前图层设置为"楼梯"图层，单击"绘图"选项卡中的"直线"命令（快捷键"L"），捕捉楼梯间的中心点，做一条辅助线，点击"修改"选项卡中的"偏移"命令，将中间辅助线向右偏移 30，80，删除中间的辅助线，再利用"直线"命令在轴线 C 上画一条辅助线，点击"修改"选项卡中的"偏移"命令，将其偏移 1210，删除辅助线。如图 2-81 所示。

楼梯的
绘制

（2）单击"修改"选项卡中的"偏移"命令，指定"偏移"的距离为 270，将踏步线偏移 6 次，如图 2-82 所示。

（3）在命令栏输入折断线命令"BREAKLINE"，按照图纸绘制出折断线。如图 2-83 所示。

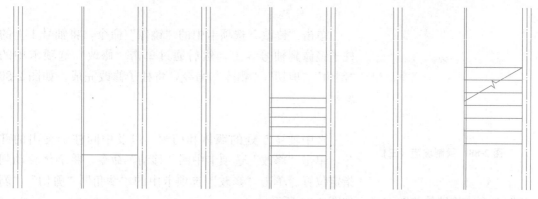

图 2-81　绘制楼梯（一）　　　图 2-82　绘制楼梯（二）　　　图 2-83　绘制楼梯（三）

（4）单击"修改"选项卡中的"修剪"命令，对楼梯进行修剪，如图 2-84 所示。

（5）将当前图层设置为"标注"图层，单击"标注"选项卡中的"引线"命令，将楼梯处的箭头标注出来。如图 2-85 所示。

15. 绘制坡道

（1）将当前图层设置为"坡道"。单击"直线"命令，从卷帘门边上的墙体处绘制直线，指定直线的距离为 500，2200，4000，2200。然后将 500 的线段删除。如图 2-86 所示。

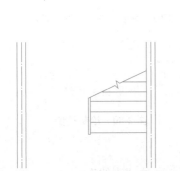

图 2-84　绘制楼梯（四）

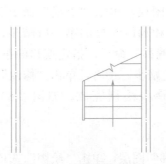

图 2-85　绘制楼梯（五）

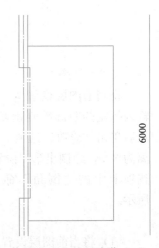

图 2-86　绘制坡道（一）

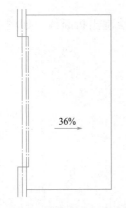

图 2-87　绘制坡道（二）

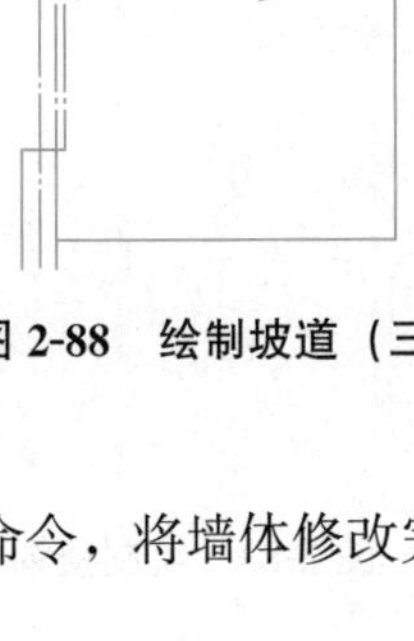

（2）将当前图层设置为"标注"图层，单击"标注"选项卡中的"引线"命令，选中所画箭头，单击"修改"选项卡中的"分解"命令，将箭头的一端点移至中间。如图 2-87 所示。

（3）单击"绘图"选项卡中"文字"中的"单行文字"命令，指定文字的样式为"XT"，指定文字的高度为"150"，输入文字"36％"。如图 2-88 所示。

16. 修改柱

单击"修改"选项卡中的"镜像"命令，将轴号 1 上的柱子镜像到轴号 5 上，然后通过单击"修改"选项卡中的"倒角""剪切""删除"命令，将柱子修改完成。如图 2-89 所示。

17. 修改墙体

选中轴号 5 处的墙体和门窗，以及中间柱子突出的部分，单击"修改"选项卡中的"移动"命令，将墙体移动到指定位置。单击"修改"选项卡中的"倒角""剪切""删除"命令，将墙体修改完成。如图 2-90 所示。

图 2-88　绘制坡道（三）

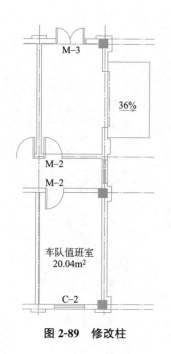

图 2-89　修改柱

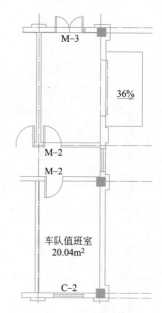

图 2-90　修改墙体

18. 修改窗户

单击"修改"选项卡中的"删除"命令，将轴线 1/4 和轴线 5 之间的 M—3 门删除，然后单击"修改"选项卡中的"复制"命令，复制 C—Ⅰ 窗户及墙体。运用"修改"选项卡中"移动"和"修剪"命令，将墙体修剪完成，如图 2-91 所示。

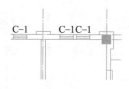

图 2-91　修改窗户

19. 修改标注

单击"修改"选项卡中的"删除"命令，将轴号 3 和轴号 4 之间、轴号 5 处的错误标注删除。接着选择"标注"选项卡中的"基线"标注，将图纸标注完成，并将 X 轴的第三层标注和内部小标注绘制完成。

20. 修改轴号

单击轴号中的数字，再双击鼠标左键，将轴号中的数字按照图纸要求修改完成。

21. 修改文字

单击"修改"选项卡中的"复制"命令，将已有文字进行复制，再双击修改文字内容。如图 2-92 所示。

22. 绘制标高

将当前图层设置为"标注"，单击"绘图"选项卡中的"直线"命令，先绘制一条长"600"的线，然后找到线的中心，以此为基点，向下画一条"300"的线，将其连接成一个等边三角形，并将边长再延长画"1200"，删除多余的线条。单击"绘图"选项卡"文字"栏下的"单行文字"命令，输入文字的高度为"300"，输入"％％P0.000"，即完成一个标高的绘制，如图 2-93 所示。单击"修改"选项卡中的"复制"命令，鼠标左键双击修改文字，将所有的标高绘制完成。

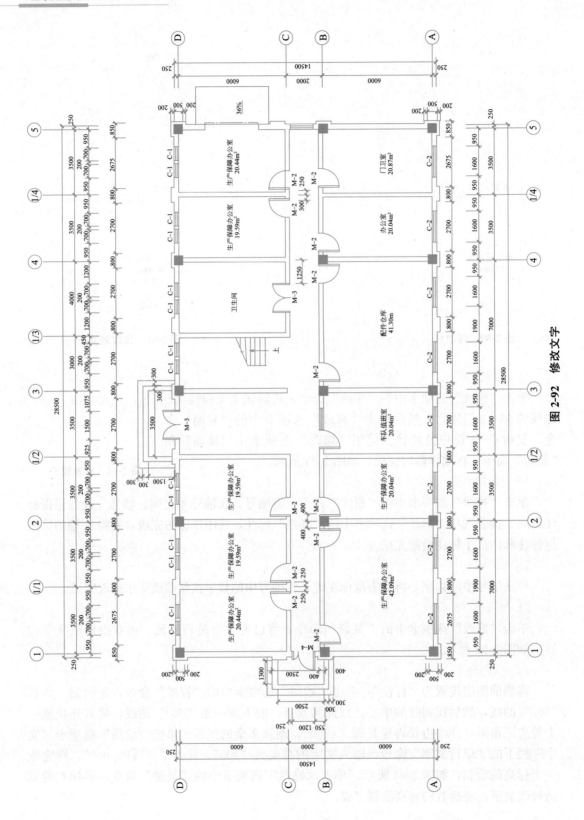

图 2-92 修改文字

23. 绘制指北针

单击"绘图"选项卡中的"圆"命令，指定指北针的半径为"1200"。单击"绘图"选项卡中的"多段线"命令，指定圆的起点，输入宽度命令"W"，输入指定的起始宽度"0"，输入指定的终止宽度"300"。然后再按照上列输入单行文字的方法，输入字高为"600"的"北"字。如图 2-94 所示。

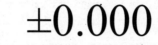

图 2-93　绘制标高

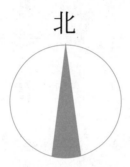

图 2-94　绘制指北针

24. 绘制散水

（1）将当前图层设置为散水图层。

（2）单击"绘图"选项卡中的"多段线"命令，绕着墙体画一圈，单击"修改"选项卡中的"偏移"命令，指定偏移的距离"1200"。将多余的线段删除，用"直线"命令将线段连接，如图 2-95 所示。

25. 绘制剖切符号

（1）将当前图层设置为标注图层。

（2）单击"绘图"选项卡"多段线"命令，指定半宽为 10，指定距离为 400，600。

（3）单击"绘图"选项卡中"文字"栏下的"单行文字"命令，指定文字的样式为"XT"，指定文字的高度为 200，如图 2-96 所示。按照此方法将剖切符号绘制完成。

26. 文字说明

（1）单击"绘图"选项卡中"文字"栏下的"单行文字"命令，指定文字的样式为"HZ"，指定文字的高度为 600，输入文字"一层平面图"。单击"绘图"选项卡中"文字"栏下的"单行文字"命令，指定文字的样式为"XT"，指定文字的高度为 350，输入文字"一层平面图"。

（2）单击"绘图"选项卡"多段线"命令，指定宽度为 100。如图 2-97 所示。

（3）单击"绘图"选项卡中"文字"栏下的"单行文字"命令，指定文字的样式为"HZ"，指定文字的高度为 350，输入文字。一层平面图绘制完成。如图 2-98 所示。

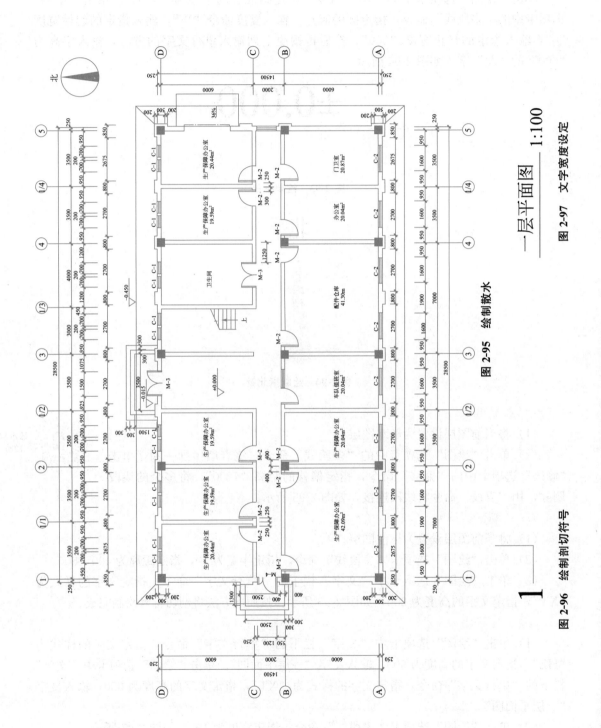

图 2-96 绘制剖切符号

图 2-95 绘制散水

一层平面图 1:100

图 2-97 文字宽度设定

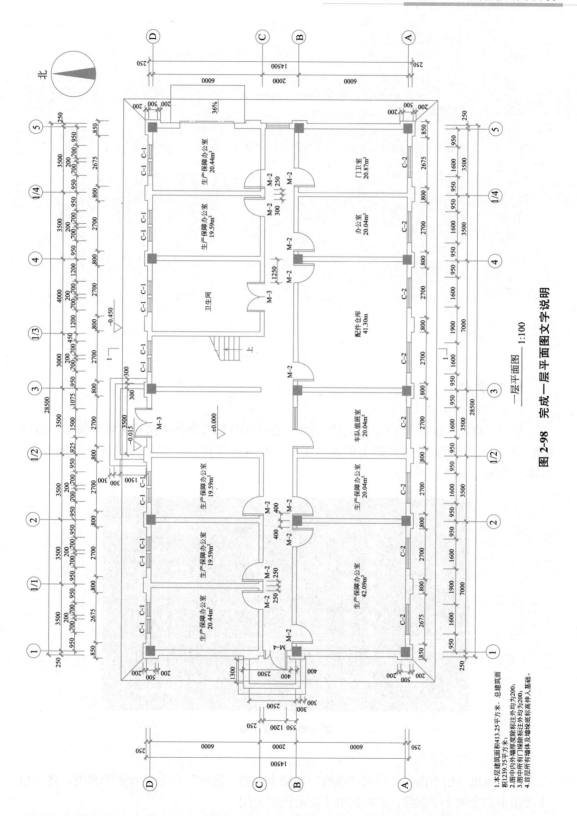

一层平面图 1:100

图2-98 完成一层平面图文字说明

1. 本层建筑面积413.25平方米。总建筑面积1239.75平方米；
2. 图中内外墙厚度除标注外均为200；
3. 图中所有门洞除标注外均为200；
4. 首层所有墙体及墙垛底标高伸入基础。

2.3.2 ①—⑤立面图的绘制

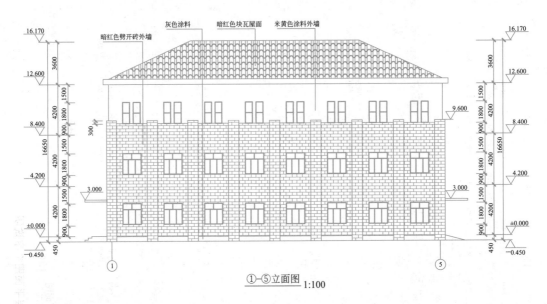

①—⑤立面图 1:100

绘制步骤：

1. 设置图层

单击"格式"选项卡中的"图层"命令。在图层特性管理器中选择"新建图层"按钮 ![]，在"一层平面图"的基础上创建地平线、装饰线等图层，然后修改各图层的颜色、线型、线宽。如图 2-99 所示。

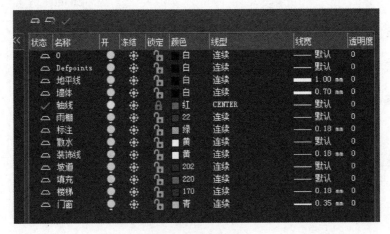

图 2-99　设置图层

2. 绘制定位辅助线

（1）编辑一层平面图，单击"修改"选项卡中的"删除"命令，为便于画图，将一层平面图中多余的文字删除，并将暂时不用的图层关闭。

（2）将当前图层设置为"地平线"图层，单击"绘图"选项卡中的"直线"命令绘制一条地平线。再将当前图层设置为"轴线"图层，由一层平面图画出定位辅助线，包括墙体外轮廓、楼梯等位置，如图 2-100 所示。

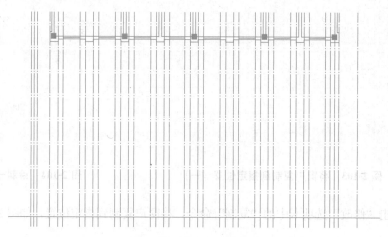

图 2-100　画出定位辅助线

（3）单击"修改"选项卡中的"偏移"命令，根据室内外高差、各层层高、屋面标高等，确定楼层定位辅助线，将其图层更改为"轴线"。如图 2-101 所示。

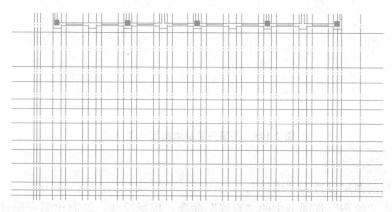

图 2-101　确定楼层定位辅助线

3. 绘制窗户

（1）将当前图层设置为门窗图层。

（2）单击"绘图"选项卡中的"矩形"命令，在指定位置绘制一个 1800×1600 的矩形，单击"修改"选项卡中的"分解"命令，将矩形分解后，单击"修改"选项卡中的"偏移"命令，指定偏移距离为 30，然后选择"修剪"命令，完成窗户绘制。如图 2-102 所示。

（3）单击"修改"选项卡中的"复制"命令，将窗户复制到指定位置，如图 2-103 所示。

（4）按照以上方法，再绘制一个如图 2-104 所示的窗户。

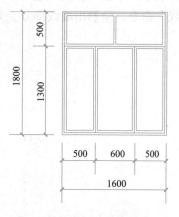

图 2-102　绘制一个窗户（一）

121

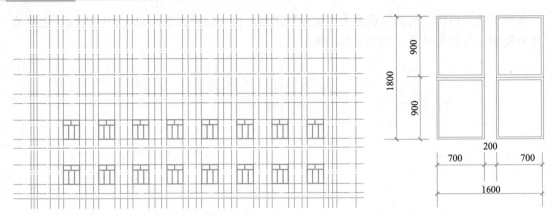

图 2-103　将窗户复制到指定位置（一）　　　　图 2-104　绘制一个窗户（二）

（5）单击"修改"选项卡中的"复制"命令，将窗户复制到指定位置，如图 2-105 所示。

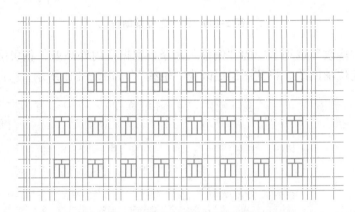

图 2-105　将窗户复制到指定位置（二）

4. 绘制柱子及墙线

（1）将当前图层设置为"墙体"。

（2）单击"绘图"选项卡中的"直线"命令，根据尺寸，绘制出第一根柱子，然后选择柱子，单击"修改"选项卡中的"复制"命令，将柱子复制到指定位置，再利用"直线"命令，绘制出墙线部分。如图 2-106 所示。

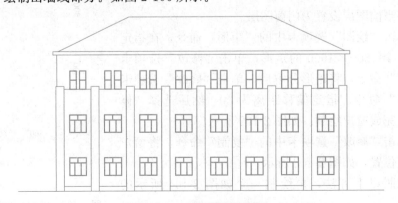

图 2-106　绘制柱子及墙线

5. 绘制踏步及坡道

（1）将当前图层设置为"楼梯"图层。

（2）单击"绘图"选项卡中的"直线"命令，绘制楼梯，根据定位辅助线，绘制高为150的楼梯，绘制完成后将多余的线段删除。

（3）单击"绘图"选项卡中的"直线"命令，绘制坡道。如图 2-107 所示。

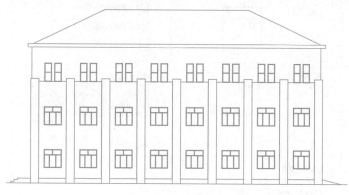

图 2-107　绘制坡道

6. 绘制雨篷

（1）将当前图层设置为"雨篷"图层。

（2）单击"修改"选项卡中的"偏移"命令，将踏步面的线偏移 3000，然后将其图层修改为"雨篷"，单击"修改"选项卡中的"拉长"命令，指定递增的距离为 600。

（3）单击"修改"选项卡中的"偏移"命令，指定偏移的距离为 100，单击"直线"命令，连接雨篷。如图 2-108 所示。

（4）选择雨篷，单击"修改"选项卡中的"镜像"命令，将雨棚镜像到指定的位置。如图 2-109 所示。

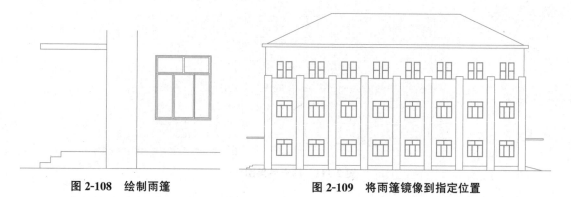

图 2-108　绘制雨篷　　　　　　　　　图 2-109　将雨篷镜像到指定位置

7. 填充

（1）将当前图层设置为"填充"图层。

（2）单击"绘图"选项卡中的"图案填充"命令，选择"填充图案选项板"选择"MBLOCKS"图案，角度设置为"0"，比例设置为"1"，单击"添加拾取点"，选择需要填充的部分，回车后点击确定。设置方式如图 2-110 所示，效果如图 2-111 所示。

图 2-110　填充（一）

图 2-111　填充效果图（一）

（3）单击"绘图"选项卡中的"图案填充"命令，选择"填充图案选项板"选择"SPANTILE"图案，角度设置为"0"，比例设置为"20"，单击"添加拾取点"，选择需要填充的部分，回车后点击确定。设置方式如图 2-112 所示，效果如图 2-113 所示。

8.绘制标注

（1）将当前图层设置为"标注"图层。

（2）单击"标注"选项卡中的"线性"标注，然后单击"标注"选项卡中的"连续"

图 2-112　填充（二）

图 2-113　填充效果图（二）

标注，将第一道尺寸标注完成，如图 2-114 所示。

（3）重复上述命令，进行内部尺寸、第二道尺寸和外围尺寸的标注，如图 2-115 所示。

9. 绘制轴线号标注

单击"绘图"选项卡中的"圆"命令，在轴线段绘制一个直径为 800 的圆。单击"绘图"选项卡中"文字"栏下的"单行文字"命令，根据命令提示栏，输入对齐方式"J"，

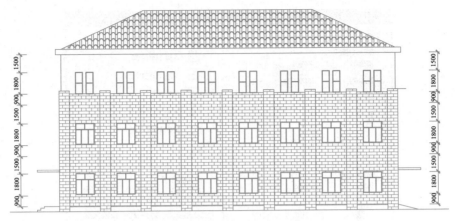

图 2-114　绘制第一道尺寸标注

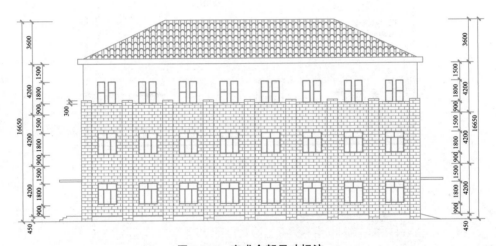

图 2-115　完成全部尺寸标注

输入正中"MC"，指定文字的中心，指定文字的高度为"300"，指定文字旋转角度"0"回车后输入"1"。然后单击"修改"选项卡中的"复制"命令，将横向轴号复制，然后再双击文字修改文字。如图 2-116 所示。

图 2-116　绘制轴线号标注

10. 绘制标高标注

　　单击"绘图"选项卡中的"直线"命令，先绘制一条长"600"的线，然后找到线的中心，以此为基点，向下画一条"300"的线，将其连接成一个等边三角形，并将边长再延长"1200"，删除多余的线条。单击"绘图"选项卡"文字"栏下的"单行文字"命令，输入文字的高度为"300",输入"3.000",即完成一个标高的绘制按照上列方法,将所有的标高绘制完成,如图 2-116 所示。

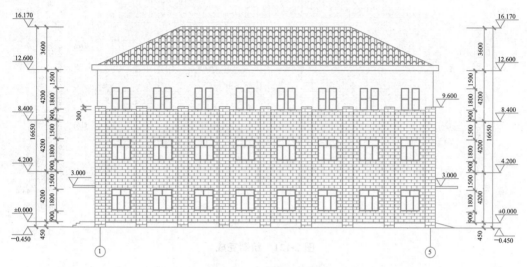

图 2-117 绘制标高标注

11. 文字说明

(1) 单击"绘图"选项卡中"文字"栏下的"单行文字"命令,指定文字的高度"350",字体的样式为"HZ",然后输入文字,单击"直线"命令绘制指引符号。如图 2-118 所示。

(2) 按照上述方法,将材料的文字说明标注完成。如图 2-119 所示。

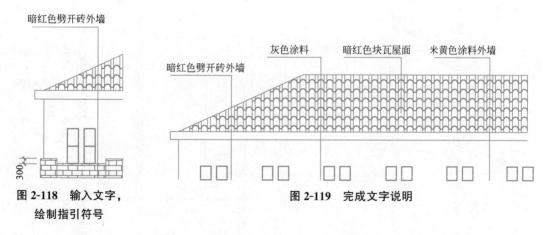

图 2-118 输入文字,
绘制指引符号

图 2-119 完成文字说明

(3) 按照绘制单行文字的方法,输入文字"1~5 立面图",指定字高为"600",字体为"HZ",输入文字"1:100",指定文字高度"300",字体为"XT"。单击"绘图"选项卡中的"多段线"命令,指定一个起点宽度和终点宽度都为"100"的多段线,如图 2-120 所示。最后绘制完成后,如图 2-121 所示。

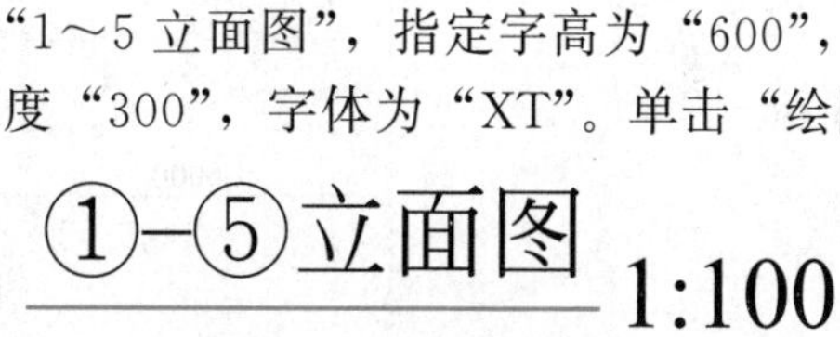

①-⑤立面图
1:100

图 2-120 绘制单行文字

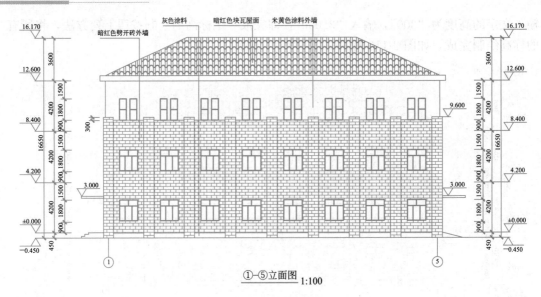

①—⑤立面图 1:100

图 2-121　绘制完成

2.3.3　1-1 剖面图的绘制

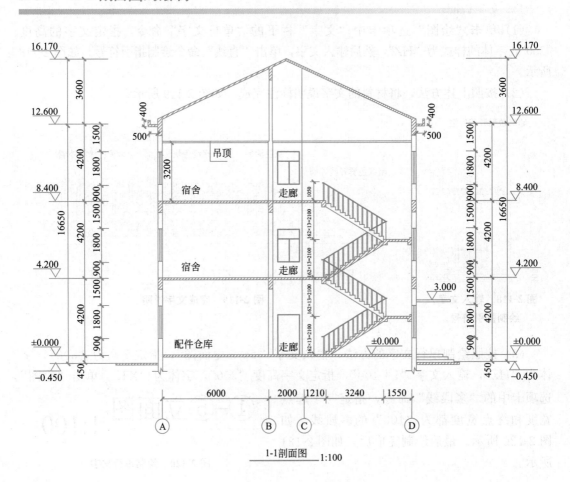

1-1剖面图 1:100

绘制步骤:

1. 设置图层

单击"格式"选项卡中的"图层"命令。在图层特性管理器中选择"新建图层"按钮，在"一层平面图"的基础上创建地平线、装饰线等图层，然后修改各图层的颜色、线型、线宽。如图 2-122 所示。

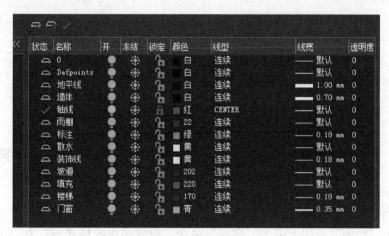

图 2-122　设置图层

2. 绘制定位辅助线

（1）单击"修改"选项卡中的"旋转"命令，将一层平面图旋转 90°，编辑一层平面图，单击"修改"选项卡中的"删除"命令，为便于画图，将一层平面图中多余的文字删除，并将暂时不用的图层关闭。

（2）将当前图层设置为"地平线"图层，单击"绘图"选项卡中的"直线"命令绘制一条地平线。再将当前图层设置为"轴线"图层，由一层平面图画出定位辅助线，包括墙体外轮廓、窗户、楼梯等位置，如图 2-123 所示。

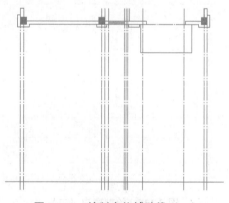

图 2-123　绘制定位辅助线（一）

（3）单击"修改"选项卡中的"偏移"命令，根据室内外高差、各层层高、屋面标高等，确定楼层定位辅助线，将其图层更改为"轴线"。如图 2-124 所示。

3. 绘制窗户

（1）将当前图层设置为门窗图层。

（2）单击"绘图"选项卡中的"矩形"命令，在指定位置绘制一个矩形，单击"修改"选项卡中的"分解"命令，将矩形分解后，单击"修改"选项卡中的"偏移"命令，指定偏移距离为 500、1000，然后选择"修剪"命令，完成窗户绘制。如图 2-125 所示。

（3）单击"修改"选项卡中的"复制"命令，将窗户复制到指定位置。

（4）按照一层平面图中窗户设置的方法，绘制窗户。如图 2-126 所示。

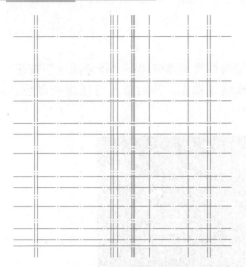

图 2-124　绘制定位辅助线（二）

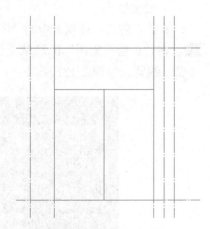

图 2-125　绘制窗户（一）

4. 绘制墙线、楼板等

（1）将当前图层设置为"墙体"。

（2）单击"绘图"选项卡中的"多线"命令，设置多线的样式 ST 为 250，绘制出墙体外轮廓。如图 2-127 所示。

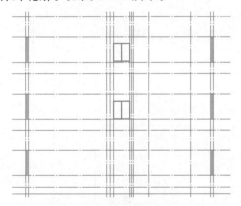

图 2-126　绘制窗户（二）

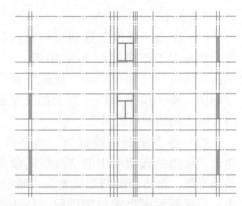

图 2-127　绘制墙体外轮廓

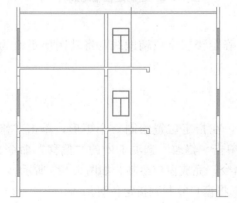

图 2-128　绘制楼板、梁

（3）单击"绘图"选项卡中的"直线"命令，和"修改"选项卡中的"偏移""修剪"命令，绘制楼板、梁，楼板厚度为 100，梁高 600。如图 2-128 所示。

（4）单击"修改"选项卡中的"偏移"命令，将标高为 0.000 的轴线偏移 2100，并将其图层更改为"墙体"。单击"修改"选项卡的"偏移"命令，指定偏移的距离为 100，绘制出楼板的厚度，再利用"绘图"选项卡中的"直线"命令和"修改"选项卡中的"修剪"命令，绘制出楼板。如图 2-129 所示。

5. 绘制楼梯踏步

（1）将当前图层设置为"楼梯"。

（2）单击"绘图"选项卡中的"直线"命令，将楼梯的板和地面用一条直线连接，然后单击"格式"选项卡中的"点样式"命令，将点的样式设置为"＋"，在命令栏输入等分"DIV"，设置等分线段的数量为"13"。如图 2-130 所示。

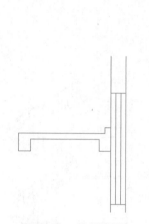

图 2-129　绘制楼板

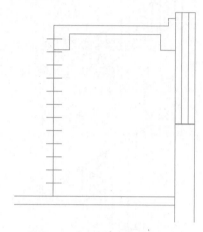

图 2-130　绘制楼梯踏步（一）

（3）再次单击"绘图"选项卡中的"直线"命令，将楼梯的板和地面用一条直线连接，单击"绘图"选项卡中的"直线"命令，根据已有点绘制出一个踏步。如图 2-131 所示。单击"修改"选项卡中的"复制"命令，复制楼梯的踏步，并删除多余的线段。如图 2-132 所示。

（4）将当前图层设置为"栏杆扶手"图层，单击"绘图"选项卡中的"直线"命令，绘制楼梯的栏杆扶手。运用"修改"选项卡中的"偏移""修剪"命令，对栏杆扶手进行绘制。如图 2-133 所示。

图 2-131　绘制楼梯踏步（二）

（5）选中楼梯的踏步和扶手，单击"修改"选项卡中的"镜像"命令，绘制出楼梯，然后运用"修改"选项卡中的"修剪"命令，将楼梯绘制完成。如图 2-134 所示。

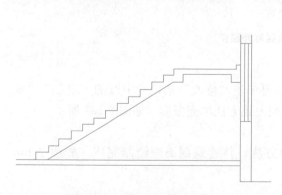

图 2-132　绘制楼梯踏步（三）

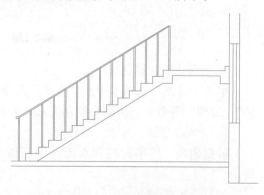

图 2-133　绘制楼梯踏步（四）

（6）选中没有被剖到，但投影时仍能看见的楼梯段，将其线型更改为中实线。将当前图层设置为"填充"图层，单击"绘图"选项卡中的"填充图案"命令，填充楼梯段、楼板、梁。选中填充的样式为 CONCRE、ANSI31，比例分别为 10 和 20。如图 2-135 所示。

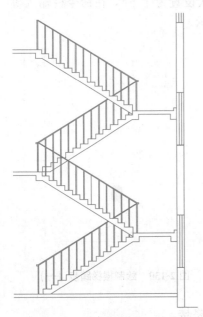

图 2-134　绘制楼梯踏步（五）

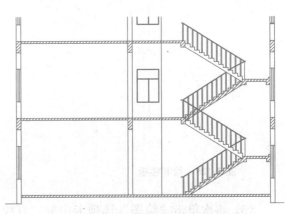

图 2-135　绘制楼梯踏步（六）

（7）绘制室外踏步

根据一层平面图做楼梯的辅助线，单击"绘图"选项卡中的"直线"命令，绘制出楼梯的踏步。如图 2-136 所示。

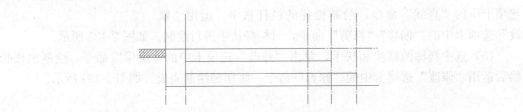

图 2-136　绘制室外踏步

6. 绘制屋顶、雨篷等

单击"绘图"选项卡中的"直线"命令，再单击"修改"选项卡中改的"复制""镜像""修剪"等命令，将图形绘制完成，并按照上述方法填充图形。如图 2-137 所示。

7. 绘制折断线、标高、标注等

根据建筑一层平面图和立面图中所讲的方法，将建筑剖面图绘制完成。如图 2-138 所示。

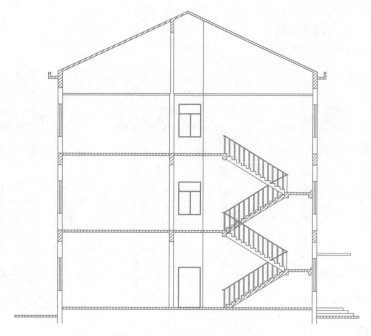

图 2-137　绘制屋顶、雨篷等

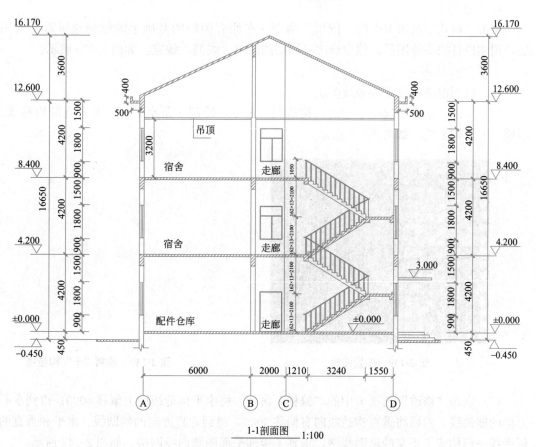

图 2-138　完成建筑剖面图绘制

2.3.4　楼梯平面图的绘制

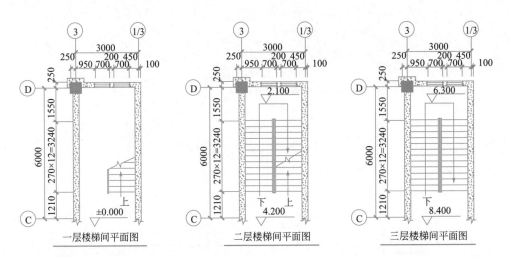

一层楼梯间平面图　　　　二层楼梯间平面图　　　　三层楼梯间平面图

绘制步骤

1. 设置图层

单击"格式"选项卡中的"图层"命令。在原有图层的基础上继续创建所需要的图层，创建栏杆扶手等图层，然后修改各图层的颜色、线型、线宽。如图 2-139 所示。

2. 绘制轴线网

（1）将当前图层设置为轴线图层。

（2）点击"绘图"选项卡中的"构造线"命令，绘制一条水平和一条垂直的构造线，组成"＋"构造线。如图 2-140 所示。

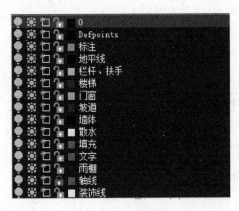

图 2-139　设置图层

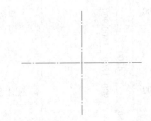

图 2-140　绘制"＋"构造线

（3）点击"修改"选项卡中的"偏移"命令。将水平构造线向上偏移 6000；得到水平方向的辅助线。然后将垂直构造线向右偏移 3000，得到垂直方向的辅助线。水平和垂直的辅助线一起构成了正交的辅助线网，得到了楼梯平面图辅助线网格。如图 2-141 所示。

（4）绘制门窗轴线，点击"修改"选项卡中的"偏移"命令。将垂直轴线向右分别偏移 950、700、200、700。如图 2-142 所示。

3. 绘制墙体

（1）将当前图层设置为"墙体"图层。按照前面课程所教方法，绘制出墙体，并剪切出门窗的洞口。如图 2-143 所示。

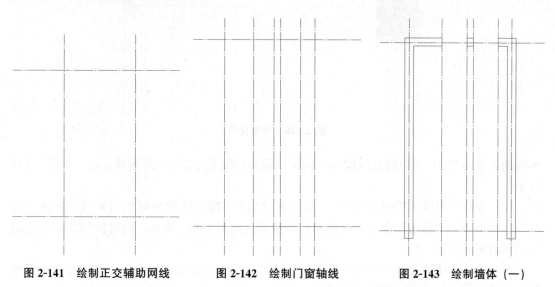

图 2-141　绘制正交辅助网线　　　　**图 2-142　绘制门窗轴线**　　　　**图 2-143　绘制墙体（一）**

（2）单击"矩形"命令，绘制一个长宽为 800×450 的矩形，然后捕捉矩形的中心点，将其放在轴线 3 和 D 交汇处。然后选择"修改"选项卡中的"修剪"命令，对其进行修剪，如图 2-144 所示。然后再绘制一个长宽为 500×500 的矩形，然后捕捉矩形的中心点，将其放在轴线 3 和 D 交汇处，并对其进行填充。如图 2-145 所示。

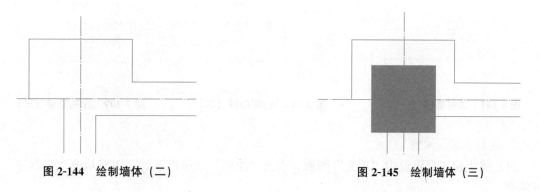

图 2-144　绘制墙体（二）　　　　　　　**图 2-145　绘制墙体（三）**

4. 绘制窗户

将当前图层设置为"门窗"图层。按照前面课程所教方法，绘制出窗户。如图 2-146 所示。

5. 绘制楼梯

（1）将当前图层设置为"栏杆、扶手"图层。单击"直线"命令，捕捉楼梯开间的中心，绘制一条线段，将线段向右偏移 50。

（2）将当前图层设置为"楼梯"图层。单击"直线"命令，绘制如图所示的直线，楼

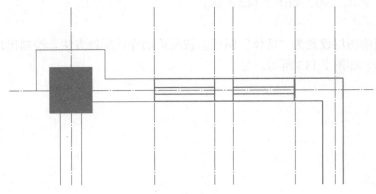

图 2-146　绘制窗户

梯的踏步宽为 270，所以将此线段进行偏移，偏移的距离为 270，共偏移 6 次。如图 2-147 所示。

（3）在命令栏输入折断线命令"BREAKLINE"，按照图纸绘制出折断线。单击"修改"选项卡中的"修剪"命令，对楼梯进行修剪。如图 2-148 所示。同时使用此命令绘制出墙体的折断部位。

（4）将当前图层设置为"标注"图层，单击"标注"选项卡中的"引线"命令，将楼梯处的箭头标注出来。如图 2-149 所示。

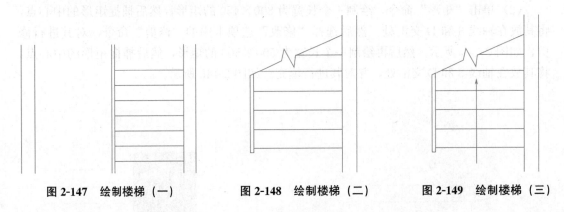

图 2-147　绘制楼梯（一）　　　　图 2-148　绘制楼梯（二）　　　　图 2-149　绘制楼梯（三）

6. 绘制标高、填充

（1）将当前图层设置为"填充"图层，点击"绘图"菜单栏下的"图案填充"工具进行填充。

（2）将当前图层设置为"标注"图层，单击"绘图"选项卡中的"直线"命令，先绘制一条长"600"的线，然后找到线的中心，以此为基点，向下画一条"300"的线，将其连接成一个等边三角形，并将边长再延长画"1200"，删除多余的线条。单击"绘图"选项卡"文字"栏下的"单行文字"命令，输入文字的高度为"300"，输入"％％P0.000"，即完成一个标高的绘制，如图 2-150 所示。

7. 绘制标注、轴号

（1）将当前图层设置为"标注"图层，单击"标注"菜单栏下的"线性"标注，将第一层标注完成。然后再单击"标注"菜单栏下的"连续"标注将第二层标注完成。

（2）单击"绘图"选项卡中的"圆"命令，在轴线段绘制一个直径为 400 的圆。单击"绘图"选项卡中"文字"栏下的"多行文字"命令，根据命令提示栏，指定第一个角点为圆心，输入对齐方式"J"，输入正中"MC"，接着输入字高"H"，指定文字的高度为"350"，回车后输入"C"，输入数字或字母。再绘制一条直线为 1600（基线间距 800～1000），将 C 轴线移动至轴线处。如图 2-151 所示（注意：此时字体的样式应该为 XT）。

8. 绘制文字标注

（1）单击"绘图"选项卡"多段线"命令，指定宽度为 100。

（2）单击"绘图"选项卡中"文字"下拉菜单里的"单行文字"命令，输入文字的样式"S"，选择样式为"HZ"，然后指定文字高度为 600，指定文字的旋转角度为 0°，输入文字"一层楼梯间平面图"；指定文字高度为 350，指定文字的旋转角度为 0°，输入文字"上"。如图 2-152 所示。

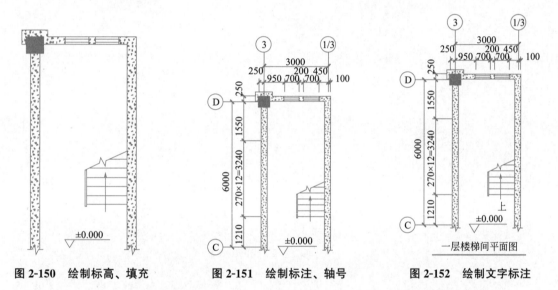

图 2-150　绘制标高、填充　　　图 2-151　绘制标注、轴号　　　图 2-152　绘制文字标注

9. 绘制二、三层楼梯间平面图

将一层楼梯间平面图进行复制，根据所学命令，修改绘制二、三层楼梯间平面图。

项目3

结构施工图的识读

Chapter 03

单元 3.1 结构施工图的基本知识

3.1.1 结构施工图概述

建筑设计图是拟建建筑工程的功能、形式、构造、材料、做法等内容在图纸上的反映，是建筑工程实物量的另一种表达形式。由于建筑工程施工要完全按照设计图的要求来实施，因此，设计人员在设计之前必须熟悉建筑工程，对图上的每一根线条、每一条文字说明所表达的设计意图等都应该深入理解。

房屋建筑工程施工图是根据正投影原理及建筑工程施工图的规定画法，把一幢房屋的全貌及各个细部完整地表达出来。其表达了建筑物的外形、内部布置、细部构造和内外装修等内容，但建筑物的各承重构件（如柱梁、板等）的布置、结构构件等内容都没有表示出来。因此，在设计中除了进行建筑设计、画出建筑施工图外，还要进行结构设计，画出结构施工图。结构施工图简称"结施"，常为整套施工图中的第二部分。

在绘制建筑工程图纸时，为了使图样统一、清晰，绘制图形时所用的图线必须符合国家标准的规定。只有这样，才能够保证制图质量，提高绘图效率，并满足设计、施工和存档的要求。目前，设计人员绘制结构施工图主要遵循的是《建筑结构制图标准》GB/T 50105—2010。

任何建筑物都是由许许多多的结构构件和建筑配件组成的，其中的一些结构构件如梁、板、墙、柱和基础等，是建筑物的主要承重构件。这些构件相互支承、连成整体，构成了房屋的承重结构系统。房屋的承重结构系统称为"建筑结构"，或简称"结构"，而组成这个系统的各个构件称为"结构构件"。

建筑结构按其主要承重构件所采用的材料不同，一般可分为钢结构、木结构砖石结构（也称混合结构）钢筋混凝土结构等。不同的结构类型，其结构施工图的具体内容及编排方式也各有不同，主要包括：基础平面图，楼层结构平面图，屋面结构平面图，梁、板、柱及基础结构详图，楼梯结构详图，屋架结构详图等。

3.1.2 结构施工图的作用

在施工图的设计阶段，除了进行建筑设计、画出建筑施工图外，还要进行结构设计，绘制结构施工图。

结构施工图是依据建筑施工图来选择合适的结构类想、再通过力学计算确定各承重构件的截面尺寸截面形式，以及内部配筋。结构施工图实际上就是以图的形式表达结构计算的结果，用它来指导现场施工。

结构施工图主要用来作为施工放线、开挖基槽、支模板、绑扎钢筋、设置预埋件、浇捣混凝土和安装梁、板、柱等构件以及编制预算与施工组织计划的依据。

3.1.3 混凝土结构的基本概念

钢筋混凝土的产生是将钢筋和混凝土结合在一起共同工作，混凝土承受压力，钢筋承受拉力，可以充分发挥各自的优势。混凝土结构包括素混凝土结构、钢筋混凝土结构以及预应力混凝土结构。

1. 钢筋混凝土结构的定义

钢筋混凝土结构是由配置了受力的普通钢筋或钢筋骨架的混凝土制成的结构。

2. 钢筋混凝土结构的定义

混凝土是一种非均匀材料，特点是抗压强度高，抗拉强度很低。而钢筋的抗拉和抗压强度都很高，主要承受拉力。

3.1.4 钢筋

钢筋由于品种、规格、型号的不同和在构件中所起的作用不同，在施工中常常有不同的叫法。只有熟悉钢筋的分类，才能比较清楚地了解钢筋的性能和在构件中所起的作用，在钢筋加工和安装过程中才不致发生差错。

钢筋混凝土构件中，要求钢筋应具有较高的强度，良好的塑性和可焊性，与混凝土有较好的黏结性能。

1. 钢筋的分类

钢筋的分类方法很多，主要有以下几种：

（1）按钢筋在构件中的作用分类，如图 3-1 所示。

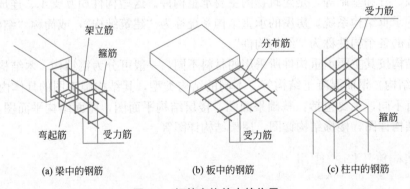

(a) 梁中的钢筋 (b) 板中的钢筋 (c) 柱中的钢筋

图 3-1 钢筋在构件中的作用

1）受力筋：构件中根据计算确定的主要钢筋，是承受拉、压应力的钢筋，用于梁板柱等各种钢筋混凝土构件。梁、板的受力筋还分为直筋和弯筋两种，受力筋包括受拉筋、弯起筋、受压筋等。

2）箍筋（钢箍）：承受一部分斜拉应力，并固定受力筋的位置，多用于梁和柱内。

3）架立筋：用以固定梁内钢箍位置，构成梁内的钢筋骨架。

4）分布筋：用于屋面板、楼板内，与板的受力筋垂直布置，将荷载均匀地传给受力筋，并固定受力筋的位置，以及抵抗热胀冷缩所引起的温度变形。

5）构造钢筋：构件中因构件构造要求或施工安装需要而配制的构造筋，如分布筋、箍筋、架立筋、横筋、腰筋、抗扭筋、预埋锚固筋、吊环等。

（2）按热轧钢筋的外形特征分类

1）光圆钢筋：钢筋表面光滑无纹路，主要用于分布筋、箍筋、墙板钢筋等。直径为 6～10mm 时一般做成盘圆，直径 12mm 以上为直条。

2）变形钢筋：钢筋表面刻有不同的纹路，增强了钢筋与混凝土的黏结力，主要用于柱、梁等构件中的受力筋。变形钢筋的出厂长度有 9m、12m 两种规格如图 3-2 所示。

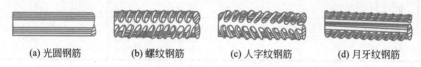

| (a) 光圆钢筋 | (b) 螺纹钢筋 | (c) 人字纹钢筋 | (d) 月牙纹钢筋 |

图 3-2　热轧钢筋的表面形式

① 钢丝：分冷拔低碳钢丝和碳素高强钢丝两种，直径均在 5mm 以下。

② 钢绞线：有 3 股和 7 股两种，常用于预应力钢筋混凝土构件中，如图 3-3 所示。

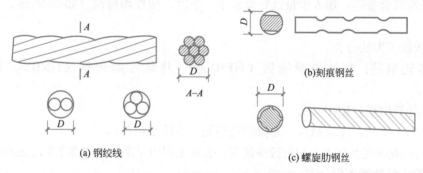

| (a) 钢绞线 | (b) 刻痕钢丝 | (c) 螺旋肋钢丝 |

图 3-3　钢绞线（预应力钢筋）

预应力钢筋应选用钢绞线和钢丝，中小型构件或纵、横向钢筋也可选用精轧螺纹钢筋。

（3）按钢筋的强度分类

在钢筋混凝土结构中常用的是热轧钢筋。按普通钢筋按强度可分为四级：HPB300，其屈服强度标准值为 300MPa；HRB335、HRBF335，其屈服强度标准值为 335MPa；HRB400、HRBF400、RRB400，其屈服强度标准值为 400MPa；HRB500、HRBF500，其屈服强度标值为 500MPa。钢筋的强度标准值应具有不小于 95％的保证率。

1）纵向受力普通钢筋宜采用 HRB400、HRB500、HRBF400、HRBF500 钢筋，也可采用 HRB335、HRBF335、HPB300、RRB400 钢筋，但 RRB400 钢筋不宜用作重要部位的受力筋，不应用于直接承受疲劳荷载的构件。

2）箍筋宜采用 HRB400、HRBF400、HPB300 、HRB500、HRBF500 钢筋，也可采用 HRB335、HRBF335 钢筋。

3）预应力钢筋宜采用预应力钢丝、钢绞线和预应力螺纹钢筋。

在《混凝土结构设计规范（2015 年版）》GB 50010—2010 中，对国产建筑用钢筋，按其产品种类、等级不同，分别给予不同代号，以便标注及识别，见表3-1。

钢筋种类代号与强度标准值 表 3-1

牌号	符号	公称直径 d(mm)	屈服强度标准值 f_{yk}(N/mm²)	极限强度标准值 f_{xk}(N/mm²)
HPB300	φ	6～22	300	420
HRB335 HRBF335	Φ Φ^F	6～50	335	455
HRB400 HRBF400 RRB400	Φ Φ^F Φ^R	6～50	400	540
HRB500 HRBF500	Φ Φ^F	6～50	500	630

（4）按化学成分分类

1）碳素钢：低碳钢（含碳量在 0.25％以下）、中碳钢（含碳量在 0.25％～0.6％之间）、高碳钢（含碳量大于 0.6％）。

2）普通低合金钢：加入少量低合金元素，强度、塑性均提高（如 20MnSi、20MnSiV 等）。

（5）按加工方法分类

1）热轧钢筋：热轧光圆钢筋（HPB300）、热轧带肋钢筋（HRB35、HRB400、HRB500）。

2）热处理钢筋：RRB400。

3）冷加工钢筋：冷拉钢筋、冷拉带肋钢筋、冷轧扭钢筋。

由于冷拉钢筋延性较差，目前较少使用，若在工程中采用时，应遵守专门规程的规定。

（6）按力学性能不同分类

1）软钢：有明显屈服台阶的钢筋（热轧钢筋、冷拉钢筋）。

2）硬钢：无明显屈服台阶的钢筋（高强碳素钢丝，钢绞线）。

2. 钢筋的弯钩及保护层

在钢筋混凝土结构中，为了使钢筋和混凝土能共同承受外力，当受力筋用光圆钢筋，一般应将光圆钢筋的端部做成弯钩，以加强钢筋与混凝土的黏结力，避免钢筋在受拉时滑动。钢筋端部的弯钩常用两种形式：带有平直部分的半圆弯钩和直弯钩，如图 3-4 所示。标准半圆弯钩的一个弯钩需增加长度为 $6.25d$。例如：直径为 20mm 的钢筋弯钩长度为 $6.25 \times 20 = 125$mm，一般取 130mm。

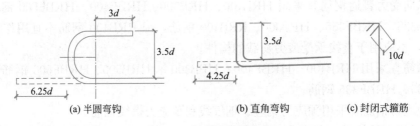

(a) 半圆弯钩   (b) 直角弯钩   (c) 封闭式箍筋

图 3-4 钢筋端部的弯钩

　　对于表面有月牙纹的变形钢筋（如 HRB335），因为它们的表面较粗糙，能和混凝土产生很好的黏结力，故它们的端部一般不设弯钩。

　　箍筋宜采用焊接封闭箍筋、连续螺旋箍筋或连续复合螺旋箍筋。当采用非焊接封闭箍筋时，其末端应做成 135°弯钩，弯钩端头平直段长度不应小于箍筋直径的 10 倍；在纵向钢筋搭接长度范围内的箍筋间距不应大于搭接钢筋较小直径的 5 倍，且不宜大于 100mm。常用钢箍的弯钩形式如图 3-4（c）所示。

　　为了保证钢筋与混凝土的黏结力，并防止钢筋的锈蚀，在钢筋混凝土构件中，普通钢筋及预应力钢筋的混凝土保护层厚度：受力钢筋时，厚度不应小于钢筋的直径 d；设计使用年限为 50 年的混凝土结构，最外层钢筋的保护层厚度应符合表 3-2 的规定；设计使用年限为 100 年的混凝土结构，混凝土保护层厚度应按表 3-2 中的规定增加 40%；当采取有效的表面防护措施时，混凝土保护层厚度可适当减小。

钢筋混凝土保护层的最小厚度（mm）　　　　　　　　　　　　　　　表 3-2

环境等级	板、墙、壳	梁、柱
一	15	20
二 a	20	25
二 b	25	35
三 a	30	40
三 b	40	50

　　注：1. 混凝土强度等级不大于 C25 时，表中保护层厚度应增加 5mm。

　　　　2. 钢筋混凝土基础宜设置混凝土垫层，基础中钢筋的混凝土保护层厚度应从垫层顶面算起，且不应小于 40mm。

3. 钢筋的一般表示方法

钢筋的一般表示方法应符合表 3-3 的规定。

钢筋的一般表示方法　　　　　　　　　　　　　　　表 3-3

序号	名称	图例	说明
1	钢筋横断面	●	——
2	无弯钩的钢筋端部	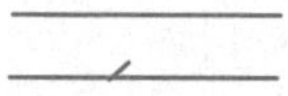	下图表示长、短钢筋投影重叠时,短钢筋的端部用 45°斜画线表示
3	半圆形弯钩的钢筋端部		——
4	带直钩的钢筋端部		——
5	带丝扣的钢筋端部		——
6	带弯钩的钢筋搭接		——
7	带半圆弯钩的钢筋搭接		——
8	带直钩的钢筋搭接		——
9	花篮螺丝钢筋接头		——
10	机械连接的钢筋接头		用文字说明机械连接的方式(如冷挤压或直螺纹等)

板中钢筋的画法见表 3-4。

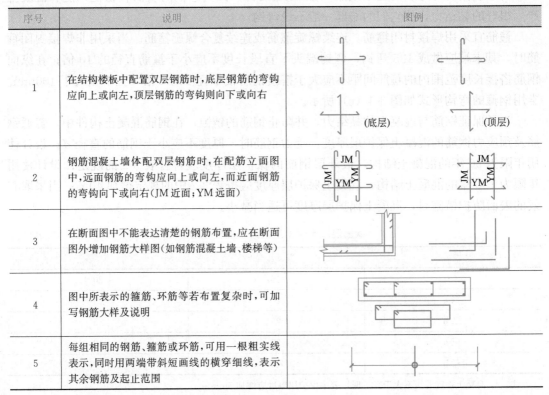

序号	说明	图例
1	在结构楼板中配置双层钢筋时，底层钢筋的弯钩应向上或向左，顶层钢筋的弯钩则向下或向右	（底层）　（顶层）
2	钢筋混凝土墙体配双层钢筋时，在配筋立面图中，远面钢筋的弯钩应向上或向左，而近面钢筋的弯钩向下或向右（JM 近面；YM 远面）	
3	在断面图中不能表达清楚的钢筋布置，应在断面图外增加钢筋大样图（如钢筋混凝土墙、楼梯等）	
4	图中所表示的箍筋、环筋等若布置复杂时，可加写钢筋大样及说明	
5	每组相同的钢筋、箍筋或环筋，可用一根粗实线表示，同时用两端带斜短画线的横穿细线，表示其余钢筋及起止范围	

4. 钢筋的标注

钢筋（或钢丝束）的标注应包括钢筋的编号、数量或间距代号、直径及所在位置，通常应沿钢筋的长度标注或标注在有关钢筋的引出线上。梁、柱的箍筋和板的分布筋，一般应注出间距，不注数量。对于简单的构件，钢筋可不编号，钢筋的直径、根数或相邻钢筋中心距一般采用引出线方式标注，其标注形式及含义如图 3-5 所示。

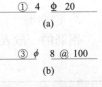

① 4 ⏀ 20

(a)

③ ⏀ 8 @ 100

(b)

图 3-5 钢筋的标注

3.1.5 混凝土

混凝土是建筑工程中应用非常广泛的一种建筑材料，其抗压强度较高，而抗拉强度却很低。因此，未配置钢筋的素混凝土构件只适用于受压结构，但其破坏比较突然，故在施工中极少使用。

1. 基本概念

（1）混凝土：由水泥砂、石子和水按一定比例拌合，经搅拌成型、养护后凝固而成的水泥石。

其受压能力好，但抗拉能力差，容易因受拉而断裂。

（2）钢筋混凝土：为提高混凝土的抗拉性能，常在混凝土受拉区域加入一定数量的钢筋。使两种材料黏结成一个整体，共同承受外力。

（3）在工地现场浇制的称为钢筋混凝土构件：在工厂或工地以外预先把构件制作好，

然后运到工地安装的，称为预制钢筋混凝土构件。

（4）混凝土的等级：《混凝土结构设计规范（2015 年版）》GB 50010—2010 规定普通混凝土强度等级按其立方体抗压强度标准值（即具有不小于 95％ 的保证率）确定，共 14 个等级，即 C15、C20、C25、C30、C35、C40、C45、C50、C55、C60、C65、C70、C75、C80，字母后的数字表示以"MPa"为单位的立方体抗压强度标准值。等级越高，混凝土抗压强度也越高。其中 C60 以上的称为高强混凝土。

（5）钢筋混凝土构件：用钢筋混凝土制成的梁、板、柱、基础等构件。

（6）钢筋混凝土结构：全部由钢筋混凝土构件组成的房屋结构。

2. 混凝土的性能特点

钢筋混凝土结构的主要优点有：混凝土中所用的砂石材料一般可以就地取材；耐久性和耐火性均比钢结构好；现浇及配装整体式钢筋混凝土结构整体性好，因而有利于抗震、防爆；比钢结构节约钢材，可模性好，可以根据设计要求浇成各种形状。

钢筋混凝土结构的缺点有：自重过大，施工复杂；浇筑混凝土时需要模板支撑；户外施工受季节条件限制；补强维修工作比较困难。

钢筋混凝土构件受力性能虽然有了很大改善，但还存在以下难以克服的缺点：混凝土受拉强度较低，导致混凝土梁过早开裂；为了限制裂缝开展的宽度，钢筋混凝土构件中高强度材料无法充分利用。为了避免钢筋混凝土构件的这些缺点，人们在生产实践中创造了预应力混凝土结构。所谓预应力混凝土结构，是在结构构件受荷载作用前，人为地对混凝土构件的受拉区预先施加一定的压力，由此使构件产生预压应力，推迟裂缝的开展，减小裂缝的宽度，从而加大构件刚度，减小变形，同时还可采用高强材料。

单元 3.2　结构施工图的识读

教学要求

能力目标	知识要点	权重
3.2.1　了解钢筋混凝土构件图的传统图示方法	模板图； 配筋图：立面图、断面图、钢筋详图	5%
3.2.2　熟悉钢筋混凝土结构平面整体表示方法——"平法"	"平法"简介； 平法施工图的适用范围； 平法施工图的表达方式和图纸顺序	10%
3.2.3　掌握钢筋混凝土结构设计总说明	组成内容； 识读图纸	5%
3.2.4　熟练识读钢筋混凝土结构条形基础平法施工图	一般规定； 条形基础编号； 基础梁的平面注写方式； 条形基础底板的平面注写方式； 条形基础的截面注写方式	20%

能力目标	知识要点	权重
3.2.5 熟练识读钢筋混凝土结构框架柱平法施工图	一般规定； 框架柱编号； 框架柱的列表注写方式； 框架柱的截面注写方式	15%
3.2.6 熟练识读钢筋混凝土结构框架梁平法施工图	一般规定； 框架梁编号； 框架柱的平面注写方式； 框架柱的截面注写方式	15%
3.2.7 熟练识读钢筋混凝土结构楼板平法施工图	一般规定； 楼板编号； 楼板的平面注写方式	15%

平法对混凝土结构施工图传统的表示方法做了重大改革。平法就是把结构构件尺寸和配筋等按照平面整体表示方法制图规则，直接表达在各类构件的结构平面布置图上，再与标注构造详图相配合，从而构成一套新型、完整的结构设计。它改变了传统的将构件从结构平面布置图中索引出来，再逐个绘制配筋详图的烦琐过程。平法对未包括在内的抗震及非抗震构造详图，以及其他未尽事项，也在具体设计中由设计者另行设计，因此，既可以达到结构施工图简单、高效、易操作的改革目的，也可适应结构设计风格各异、多变的需要。本单元主要介绍混凝土结构平法施工图的识读。

1. 钢筋混凝土构件图的传统图示方法

钢筋混凝土构件详图是加工制作钢筋混凝土构件的依据，其内容包括：模板图、配筋图，预埋件详图及钢筋表和制作说明等。在图中，它们主要表明构件的长度、断面形状与尺寸，并着重表示构件内部的钢筋配置、形状、数量和规格，是构件详图的主要图样，也可表示模板尺寸、预留孔洞与预埋件的大小和位置以及轴线和标高。而配筋图又分为立面图、断面图和节点详图所以它能在制作构件时为安装模板、钢筋加工和绑扎等工序提供依据。

钢筋混凝土构件在结构施工图中有两种表示方法：一是查有关标准图集或通用图集；二是专门绘制，根据计算结果将构件按国家标准绘制出相应的构件图，标注上尺寸并注写必要的文字说明。

工程中常用的钢筋混凝土构件有柱、梁、板、框架等，施工图中常以模板图、配筋图来表示它们的形状、尺寸大小、配筋及材料等。民用建筑中由于构件外形简单，故只画配筋图及钢筋表。

一般情况下，钢筋混凝土构件图主要绘制配筋图，对较复杂的构件要画出模板图和预埋件详图。配筋图中的立面图，是假想构件为透明体而画出的一个纵向正投影图，它的主要目的是表明钢筋的立面形状及其上下排列的位置，而构件的轮廓线（包括断面轮廓线）是次要的。所以前者用粗实线表示后者用细实线表示，在图中，箍筋只反映出其侧面（条线）。当它的类型、直径间距均相同时，可只画出其中一部分。配筋图中的断面图是构件的横向剖切投影图，它能表示出钢筋的上下和前后的排列箍筋的形状及与其他钢筋的连接关系。一般在构件断面形状、钢筋数最和位置有变化之处，都需要画断面图（但不宜在斜筋段内截取断面）。图中钢筋的横断面用黑圆点表示，构件轮廓线用细实线表示。立面图和断面图都应注出相应的钢筋编号和留出规定的保护层厚度。当配筋较复杂时，通常在立面图的正下方（或正上方）用同比例画出钢筋详图。同编号钢筋只画一根，并详细标出钢筋的编号、数量（或间距）类别、直径及各段的长度与总尺寸。如为简单的构件，钢筋详图不必画出，可在钢筋表中用简图表示。在方便施工的前提下，可用列表方式绘制和说明构件的形状、大小及配筋等情况，以减轻绘图工作量。如图 3-6 所示。

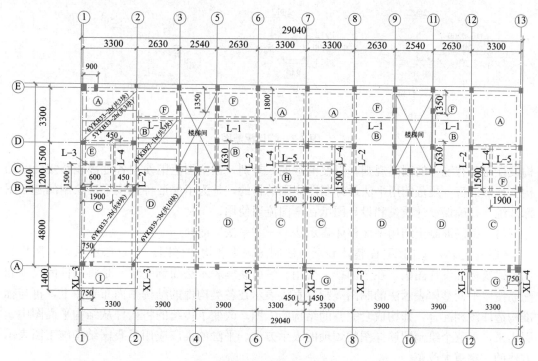

标准层结构平面图 1:100

图 3-6　结构平面图

模板图：主要表示构件的外形、尺寸标高以及预埋件的位置等作为制作安装模板和预埋件的依据。

配筋图：主要用来表示构件内部钢筋布置情况的图样。它分为立面图、断面图和钢筋详图，如图 3-7 所示。立面图主要表示构件内钢筋的形状及其上下排列位置，断面图主要表示构件内钢筋的上下和前后配置情况以及箍筋形状等，钢筋详图主要表示构件内钢筋的形状。

如果是现浇构件，还应表明构件与支座及其构件的连接关系。下面就工程中常用的钢筋混凝土构件（条形基础、柱、梁、板等）的图示简单介绍一下。

2. 钢筋混凝土结构平面整体表示方法概述

我国幅员辽阔，开放型的市场经济已经打破了地区界限。为适应市场经济的需要，结

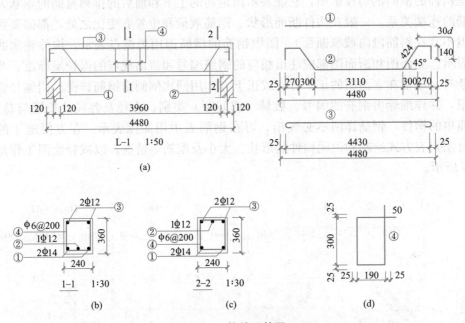

图 3-7　构件配筋图

构设计需要有统一的制图规则，以便消除地区差别，在全国范围使用各地都能够接受的结构工程师语言。规范使用平法设计制图规则的目的，是为了保证各地按平法绘制的施工图标准统一，确保设计质量和设计图纸在全国流通使用。

（1）钢筋混凝土结构平面整体表示法——"平法"简介

《混凝土结构施工图平面整体表示方法制图规则和构造详图》（16G101 系列）图集是国家建筑标准设计图集，在全国推广使用。平面整体表示法简称平法，是将构件的尺寸和配筋按照平面整体表示法的制图规则，直接表示在各类构件的结构平面布置图上，再与标准构造详图相配合，即构成套完整的结构施工图。改变了传统的将构件从结构平面图中索引出来，再逐个绘制配筋详图的烦琐的表示方法。平法的推广应用是我国结构施工图表示方法的一次重大改革。

"平法制图"是目前设计框架、剪力墙等混凝土结构施工图的通用图示方法，是近年来我国工程设计人员对传统结构施工图表示法的重大改革。它作图简洁，表达清晰，省时省力，目前已广泛应用于各设计单位和建设单位。

施工人员运用平法制图规则识图及对结构层面构件与标准构造部分翻样，平法识图规则为编制施工预算和施工组织设计提供数据、加工大样等依据。

（2）平法施工图的适用范围

平法适用于建筑结构的各种类型不仅包括各类基础结构与地下结构，而且包括各种钢筋混凝土结构、钢结构砌体结构、混合结构，以及非主体结构等。

本单元所讲平法主要针对各类基础结构现浇钢筋混凝土主体结构，具体内容包含：

1）基础结构部分的条形基础；

2）框架结构中的柱、梁、楼板三类构件。

本单元主要介绍这类构件的常用标准构造详图。其他部分的标准构造详图，学生可根据相关图集自学。

（3）平法施工图的表达方式和图纸顺序

平法的基本特点是在平面布置图上直接表示构件尺寸和配筋方式。它的表示方法有三种，即平面注写方式、列表注写方式和截面注写方式。它的出图顺序是：

1）结构设计总说明；

2）基础及地下室结构平法施工图；

3）柱和剪力墙平法施工图；

4）梁平法施工图；

5）板平法施工图；

6）楼梯及其他特殊构件平法施工图。

这种顺序形象地表达了现场真实的施工顺序，即结构设计总说明→底部支承结构（基础及地下室结构）→竖向支承结构（柱和剪力墙）→水平支承结构（梁）→平面支承结构（板）→楼梯及其他特殊构件。由于出图顺序和施工组织顺序一致，所以便于施工技术人员理解、掌握和具体实施操作。

注：

平法施工图中，由于大量信息都集中到平面布置图上以符号和数字注解方式表达，在识读时应认真识读这些信息，尤其是竖向尺寸信息。所以，为保证基础、柱与墙、梁、板等采取同一标准竖向定位，方便施工，这些标高及层高数值均以表格或其他方式注明，包括地下和地上各层相应的结构层层号，会分别放在柱、墙、梁等各类构件的平法施工图中。

平法施工图与传统施工图一样，除了标高以"m"为单位，其他尺寸均以"mm"为单位。

3. 钢筋混凝土结构设计总说明

结构设计总说明（图 3-8、图 3-9）的主要内容包括：

（1）工程概况。

（2）结构安全等级和设计使用年限、混凝土结构所处的环境类别。

（3）建筑抗震设防类别、建设场地抗震设防烈度、场地类别设计基本地震加速度值的设计地震分组以及混凝土结构的抗震等级。

（4）自然条件，包括风荷载、地面粗糙度类别、雪荷载、冻土深度及现场工程地质情况等。

（5）人防工程抗力等级。

（6）设计的主要依据（如设计规范、勘察报告等）。

（7）活荷载取值，尤其是荷载规范中没有明确规定或与规范取值不同的活荷载标准值及其作用范围。

（8）设计±0.000 标高所对应的绝对标高值。

（9）地基土情况，地基基础的设计类型与设计等级，对地基基础施工、验收的要求，以及对不良地基的处理措施与技术要求。

（10）所选用结构材料的品种、规格、型号、性能强度等级，对水箱地下室屋面等有抗渗要求的混凝土的抗渗等级。

（11）主要结构构件构造做法（如混凝土保护层厚度受力钢筋锚固搭接长度等）。

（12）主要分项工程施工要求，比如钢筋工程、混凝土工程、砌筑工程等。

（13）工程中的其他要求。

一、工程概况

建筑类型	层数		结构体系	抗震等级		基础类型	楼盖类型	建筑物高度
	地下	地上		剪力墙	框架			
会所	1	3	框架剪力墙	三级	二级	柱下独立基础墙下条形基础	现浇钢筋混凝土	13.85m

二、建筑结构的安全等级及设计使用年限

建筑结构的安全等级：二级　　　　　　设计使用年限：50年
建筑抗震设防类别：丙类　　　　　　　地基基础设计等级：丙类

三、自然条件

1.风荷载：基本风压：0.45kN/m²　　　地面粗糙度类别：C类
2.雪荷载：基本雪压：0.4kN/m²
3.抗震设防有关参数
拟建场地地震基本烈度为：8度(0.2g)　　抗震设防烈度：8度(0.2g)
设计地震分组：第一组　　　　　　　　建筑场地类别：Ⅲ类
4.场地标准冻深：0.80m
5.根据××地质工程勘察院××年××月编制的《××居住小区岩土工程勘察报告》（以下简称《地质报告》），本工程场地地质条件如下：
（1）地形地物概述：现场地面南高北低、西高东低，地面标高34.85~37.21m，高差2.36m。
（2）地层土层简述：场地地层在50m深度内按沉积年代、成因类型可分为人工堆积层及一般第四纪积层两大类，表层多为人工填土外，其下皆为一般第四纪沉积的黏性土、粉土、砂土及碎石土，按地层岩性及工程特性进一步划分为6个大层，详见勘察报告。
（3）地下水概述：根据《地质报告》建议，本工程地下室设防水位按接近自然地面（标高36.5m）考虑。由《地质报告》建议，本工程地下室抗浮水位按标高35.5m考虑。
（4）地震液化判定：当地震烈度达到8度、地下水位埋深2.0m考虑时，场地内饱和粉土及砂土不液化。
（5）地基基础方案建议：《地质报告》建议地基基础方案为人工换填地基。

四、本工程相对标高±0.000相当于绝对标高36.700m。

五、本工程设计所遵循的标准、规范、规程

1.建筑结构荷载规范GB50009—2001
2.建筑地基基础设计规范GB50007—2002
3.北京地区建筑地基基础勘察设计规范DBJ 01-501—92
4.混凝土结构设计规范GB 50010—2010
5.建筑抗震设计规范GB 50011—2010
6.建筑地基处理技术规范JGJ 79—2002 J 220—2002
7.建筑物抗震构造详图03G329—1
8.混凝土结构剪力墙边缘构件和框架柱构造钢筋选用04SG330
9.混凝土结构施工平面整体表示方法制图规则和构造详图11G101—1

六、地基基础

1.根据《地质报告》建议，基础砌置于经换填处理后的级配砂石垫层上，地基承载力特征值：f_{ak}=140kPa。
2.基槽开挖应避免坑底土层受扰动，可保留约200mm厚的土层暂不挖去，待铺垫层前再挖至设计标高-4.200m。局部①层土（黏性填土块，房渣土）深挖清除；严禁扰动垫层下的软弱土层，防止其被践踏、受冻或水浸泡。基槽宽度应考虑基础外边缘向外按1:1外扩。
3.基坑开挖后应进行普通钎探，并会同有关单位验槽。
4.基坑开挖应注意边坡的稳定与支护，采取正确的降、排水措施，并考虑对临近建筑物的影响。
5.严格按照《建筑地基处理技术规范》进行垫层施工，分层铺填厚度可取200~300mm，且要控制机械碾碓压速度，垫层的施工质量检验必须分层进行。应在每层的压实系数达到0.96后铺填上层土，夯实至标高-2.700。
6.夯实后的干密度不小于16kN/m³，压实系数达到0.94，填土内有机物含量不超过5%。

七、主要结构材料

1.钢筋：(Φ) HPB300级热轧钢筋，(Ⅱ)HRB335级热轧钢筋，(Ⅲ)HRB400级热轧钢筋。纵向钢筋的抗拉强度实测值与屈服强度实测值的比值不应小于1.25,且钢筋的屈服强度实测值与强度标准值的比值不应大于1.3。
2.混凝土
各部位构件的混凝土强度等级：

构件部位	混凝土强度等级	备注	构件部位	混凝土强度等级	备注
基础垫层	C15	100mm厚	圈梁、过梁及构造柱	C20	
基础、基础梁	C30		游泳池、电梯坑	C30	抗渗等级S6
墙、柱、梁	C30		楼板(梯)	C30	

结构混凝土耐久性的基本要求：

位置	环境类别	最大水灰比	最小水泥用量(kg/m³)	最大氯离子含量(%)	最大碱含量(kg/m³)
±0.000以下	二b	0.55	275	0.2	3.0
±0.000以上	一	0.65	225	1.0	不限制

注：氯离子含量系指其占水泥用量的百分率。
钢板：Q235;吊环应采用HPB300钢筋制作，严禁使用冷加工钢筋，吊环埋埋混凝土的深度不应小于30d,吊点焊接或绑扎在钢筋骨架上。
3.焊接
HPB300级钢筋、Q235 焊接：E43　　　　　HPB335级钢筋、Q345 焊接:E50
HPB400级钢筋焊接:E55

八、钢筋混凝土结构构造

本工程采用国家标准图集《混凝土结构施工平面整体表示方法制图规则和构造详图》(16G101-1)和《混凝土结构剪力墙边缘构件和框架柱构造钢筋选用》04SG330的表示方法。图中未注明的构造要求应按《建筑物抗震构造图》11G329-1的有关要求执行。

图3-8　结构设计总说明（一）

1.主筋的混凝土保护层厚度
基础底板、基础连系梁:40mm　　　框架柱:30mm
±0.000以下剪力墙内侧:50mm　　　框架梁:25mm
±0.000以下剪力墙外侧:20mm　　　楼板:15mm
±0.000以上剪力墙内侧:15mm　　　楼梯、楼板:15mm
各部的保护层厚度同时应满足不小于钢筋直径的要求。
2.钢筋的接头形式及要求

构件	接头形式	接头等级	接头部位		接头百分率
			面筋	底筋	
剪力墙边缘构件	机械连接	Ⅱ级			50%
剪力墙分布筋	搭接连接				50%
框架柱	机械连接	Ⅱ级			50%
框架梁 基础梁	机械连接	Ⅱ级	跨中	支座	50%
楼板	搭接连接		跨中	支座	50%

3.纵向钢筋的锚固、搭接长度参照11G101-1。
4.后浇带
（1）后浇带的位置见各自结构平面图。
（2）后浇带部位的构件钢筋采用搭接接头，并配置适量的加强钢筋。待后浇带两侧混凝土浇筑完45d后,将两侧的凿毛面扫净后,应采用比相应结构部位高一级的微膨胀混凝土浇筑，振捣密实，并加强养护，后浇带做法见图一。
（3）施工期间后浇带两侧的构件应妥善支撑，以确保构件和结构整体在施工阶段的承载力与稳定性。

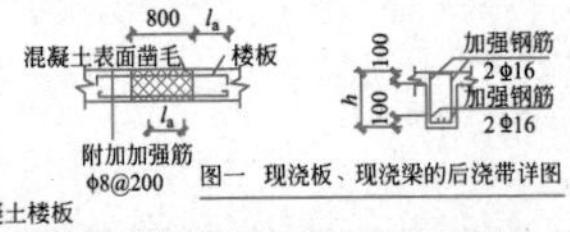

图一　现浇板、现浇梁的后浇带详图

5.现浇钢筋混凝土楼板
（1）楼板内分布钢筋，除注明者外,楼板为Φ6@200。楼板内设备预埋直径小于Φ30的管线宜置于板底附加钢筋网带,钢筋网带取Φ6@150~200,超出预埋管宽度每边水平距离150mm。见图二。
（2）除具体施工图中有特别规定者外,现浇楼板的施工应符合图集11G101-1及相关施工规范的规定。

图二　预埋管处附加钢筋

图三　梁洞口加强筋

6.钢筋混凝土梁
（1）梁内箍筋除单肢箍外，应采用封闭箍。
（2）除具体施工图中有特别规定者外，梁上开洞施工应按图三加筋。
（3）梁上集中荷载作用处,凡未注明者或图中梁侧每各设4组箍筋，箍筋肢数、直径同梁箍筋,间距50mm(见图四)。次梁吊筋时,在次梁两侧各设2组箍筋。
（4）主、次梁等高相同时，次梁钢筋应置于主梁主钢筋之上;次梁矮于主梁时,未注明的主梁加2Φ16吊筋,如图五所示。

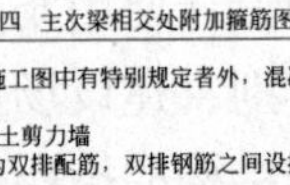

图四　次梁相交处附加箍筋图

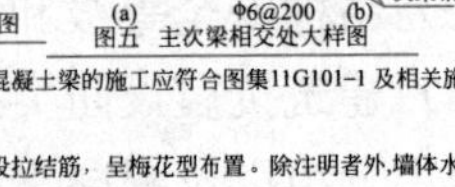

图五　主次梁相交大样图

（5）除具体施工图中有特别规定者外，混凝土梁的施工应符合图集11G101-1及相关施工规范的规定。
7.钢筋混凝土剪力墙
（1）剪力墙为双排配筋，双排钢筋之间设拉结筋，呈梅花型布置。除注明者外,墙体水平钢筋放在外侧。
（2）剪力墙边缘构件主筋搭接范围时,箍筋间距为100mm。
（3）墙与楼板梁相交时,剪力墙的竖向钢筋由墙外绕过,墙上洞口详见图七。
（4）墙上洞口必须预留，不得后凿。图中未注明加强筋按图七施工。墙上洞口尺寸大于200mm时，洞边加强筋见图七。
（5）当剪力墙的连梁开洞时，按图施工。

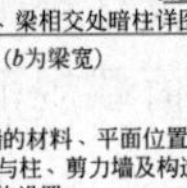

图六　墙、梁相交处柱详图

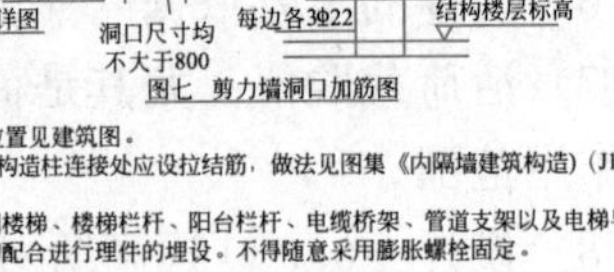

图七　剪力墙洞口加强筋图

8.填充墙
（1）填充墙的材料、平面位置见建筑图。
（2）填充墙与柱、剪力墙及构造柱相接处应设拉结筋，做法见图集《内隔墙建筑构造》(J111-114)。
9.预埋件及预留洞
建筑女儿墙、门窗安装、钢楼梯、栏杆栏杆、阳台栏杆、电缆桥架、管道支架以及电梯导轨与墙体等构件相接处，各工种应密切配合进行预埋件的埋设。不得随意采用膨胀螺栓固定。
10.其他
（1）本工程图示尺寸以毫米（mm）为单位，标高以米（m）为单位。
（2）防雷接地做法详见电施图。
（3）施工时应密切与总图、建筑给排水、暖通及电气配合，以防碰撞。
（4）设备定货和土建关系:电缆定货必须按照本图所提供的电梯井道尺寸、门洞尺寸以及建筑图纸的电梯机房设计。门洞边的预留洞口、电梯机房楼板、检修吊钩等，须待电梯定货后,经核实无误后方可施工。

图3-9　结构设计总说明（二）

4. 条形基础平法施工图识读

[引例]

图 3-10 所示为某条形基础施工图，该图是梁板式条形基础平法施工图平面注写方式的示例，对图上的数字和符号含义该怎样理解呢？

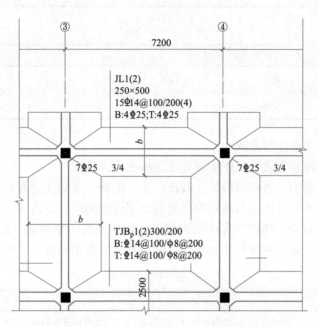

图 3-10　条形基础平法施工图平面注写示例

关于条形基础施工图，传统的表达方式是基础平面布置图结合多个断面图，根据正投影图原理表达平面及立面高度尺寸、结构配筋。而条形基础平法施工图有平面注写与截面注写两种表达方式，在施工图中可以选用其中的一种，也可以两种方式结合使用。平面注写是把所有信息都集中在平面图上表达；截面注写方式与传统表达方式类似，只是编号有所不同（现阶段有很多工程图纸采用此方法，或介于此方法和传统方法之间）。下面对两种注写方式进行详细说明。

（1）一般规定

1）当绘制条形基础平面布置图时，应将条形基础与基础所支承的上部结构的柱、墙一起绘制。

2）当梁板式基础梁中心或条形基础板中心与建筑定位轴线不重合时，应标注其偏心尺寸；对于编号相同的条形基础，可仅选择一个进行标注。

3）梁板式条形基础平法施工图将梁板式条形基础分解为基础梁和条形基础底板分别进行表达。

4）板式条形基础平法施工图仅表达条形基础底板，当墙下设有基础圈梁时，再加注基础圈梁的截面尺寸和配筋。

（2）条形基础编号

条形基础编号分为条形基础梁编号和条形基础底板编号（表 3-5 和表 3-6）。

条形基础梁编号　　　　　表 3-5

类型	代号	序号	跨数及是否外伸
基础梁	JL	××	（××）端部无外伸 （××A）一端有外伸 （××B）两端有外伸

条形基础底板编号　　　　　表 3-6

类型	基础底板截面形状	代号	序号	跨数及是否外伸
条形基础底板	坡形	TJB_p	××	（××）端部无外伸 （××A）一端有外伸 （××B）两端有外伸
	阶形	TJB_J	××	

（3）基础梁的平面注写方式

基础梁的平面注写方式分集中标注和原位标注两部分。

集中标注的内容为：基础梁编号、截面尺寸、配筋三项必注内容；基础梁底面标高与基础底面基准标高不同时的相对高差和必要的文字注解两项选注内容。

原位标注的内容为：基础梁端或梁在柱下区域的底部全部纵筋、附加箍筋或（反扣）吊筋、外伸部位的变截面高度尺寸和某项内容在某跨的修正内容。详见表 3-7、表 3-8。

基础梁集中标注说明　　　　　表 3-7

注写形式	表达内容	附加说明
JL××(XB)	基础梁编号,具体包括:代号、序号（跨数及外伸状况）	（×）无外伸仅标跨数；（×A）一端有外伸；（×B）两端有外伸
$b×h$	截面尺寸:梁宽×梁高	当加腋时,用 $b×h×Yc1×Yc2$ 表示,其中 $c1$ 为腋长,$c2$ 为腋高
××φ××@×××/×××（×）	箍筋道数、强度、直径、第一种间距/第二种间距(肢数)	φ:钢筋强度等级符号；"/":用来分隔不同箍筋的间距及肢数,按从基础梁两端向跨中的顺序注写
B×φ××;T×φ××	底部(B)贯通筋纵筋根数、强度等级、直径；顶部(T)贯通纵筋根数、强度等级、直径	贯通筋应先布置在角部,当跨中所注根数少于箍筋肢数时,加设底部架立筋,用"+"与贯通筋相联,架立筋注写在加号后面的括号里；贯通筋多余一排时,用"/"将各排纵筋自上而下分开
G×φ××	梁侧面纵向构造钢筋根数、强度等级、直径	为梁两个侧面构造纵筋的总数,布置间距按梁腹板高度内均匀分布
(×.×××)	梁底面相对于基础底面基准标高的高差	高者前面加"+"号,低者前面加"−"号,无高差时不注

注：集中标注应在任意跨引出。

基础梁原位标注（含贯通筋）的说明　　　　　表 3-8

注写形式	表达内容	附加说明
×φ×××/×	梁端或梁在柱下区域底部纵筋根数、强度等级、直径,以及用"/"分隔的各排筋根数	此项为底部包括贯通筋与非贯通筋在内的全部纵筋。非贯通筋自柱边向跨内延伸至 $l_n/3$,多于两排时,自第三排起由设计注明。 l_n:边支座取边跨净长,中支座取相邻两跨较大者

注写形式	表达内容	附加说明
×φ××	附加箍筋总根数(两侧均分)或(反扣)吊筋、强度等级、直径	在平面图十字交叉梁中刚度较大的条形梁上直接引注,当多数相同时,可在施工图上统一注明,少数不同的在原位引注
$b \times h$,$h1/h2$	外伸部位变截面高度	h_1为根部截面高度,h_2为尽端截面高度
其他原位标注	某部位与集中标注不同的内容	若有原位标注,则按原位标注值配置钢筋

注:1. 钢筋强度等级符号规定详见国家结构制图标准;
 2. 相同的基础梁只标注一根,其他宜注写编号。

根据注写规则,图 3-10 中基础梁的各个符号的含义见表 3-9。

基础梁标注示例 　　　　　　　　　　　　　　　　　表 3-9

示例	图示符号	实际含义
	JL1(2)	编号:基础梁 1 号,两跨
	250×500	截面尺寸:梁宽 250mm,梁高 500mm
	15φ14@100/200(4)	箍筋配置:箍筋为 HRB335 级钢筋,直径 14mm,从梁两端起每跨内按间距 100mm 设置 15 道,其余按间距 200mm 布置,均为 4 肢箍
	B:4φ25 T:4φ25	梁底部配置贯通筋为 4 根直径 25mm 的 HRB400 级钢筋;梁顶部配置贯通筋为 4 根直径 25mm 的 HRB400 级钢筋
	7φ25 3/4	③轴支座处,梁底部全部纵筋为 7 根直径 25mm 的 HRB400 级钢筋(包含贯通筋B:4φ25),分两排,上排 3 根,下排 4 根

③ 　④
7200
JL1(2)
250×500
15φ14@100/200(4)
B:4φ25;T:4φ25
7φ25　3/4

(4) 条形基础底板的平面注写方式

条形基础底板的平面注写方式分集中标注和原位标注两部分内容。集中标注内容为:基础底板编号、截面竖向尺寸、配筋三项必注内容,及条形基础底板底面相对标高高差和必要的文字注解两项选注内容。原位标注的内容为:基础底板的平面尺寸 b,及某项内容在某跨不同于集中标注的修正内容。详见表 3-10 和表 3-11。图 3-11 为基础底板参数图。

基础底板集中标注说明 　　　　　　　　　　　　　　表 3-10

注写形式	表达内容	附加说明
TJB,××(×B)或 TJB××(×B)	基础底板编号,具体包括:代号、序号(跨数及外伸状况)	(×)无外伸仅标跨数;(×A)一端有外伸;(×B)两端有外伸
$h_1/h_2\cdots$	截面竖向尺寸	若为阶形条基,单阶时只标 h,其他情况各阶尺寸自下而上以"/"分隔顺写
B:φ××@×××/φ××@××× T:φ××@×××/φ××@×××	底部(B)横向受力筋、构造钢筋强度等级、直径、间距;顶部(T)横向受力筋、构造钢筋强度等级、直径、间距	φ:钢筋强度等级符号;"/"用来分隔条形基础底板的横向受力筋与构造钢筋

续表

注写形式	表达内容	附加说明
(×.×××)	基础底板底面相对于基础底面基准标高的高差	高者前面加"＋"号,低者前面加"－"号,无高差时不标注

注：集中标注应在第一跨引出。

基础底板的原位标注说明 　　　　　　　　　　　　　　　　　　表 3-11

注写形式	表达内容	附加说明
b、b_i,$i=1,2,\cdots$	基础底板总宽 b,基础底板台阶的宽度 b_i	基础底板采用对称于基础梁的坡形截面或单阶形截面时,b_i 可不标注
原位注写修正内容	某部位与集中标注不同的内容	若有原位标注,则按原位标注值配置钢筋

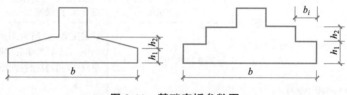

图 3-11　基础底板参数图

根据注写规则，图 3-11 中基础底板的各个符号的含义详见表 3-12。

基础底板标注示例 　　　　　　　　　　　　　　　　　　表 3-12

示例	图示符号	实际含义
TJBp1(2)300/200 B:⌀14@100/φ8@200 T:⌀14@100/φ8@200 2500	TJBp1(2)	编号:坡形基础底板 1 号,两跨
	300/200	竖向截面尺寸:$h_1=300$mm,$h_2=200$mm
	B:⌀14@100/φ8@200	底部横向受力筋为 HRB400 级钢筋,直径 14mm、按间距 100mm 布置;构造钢筋为 HPB300 级钢筋、直径 8mm、按间距 200mm 布置
	T:⌀14@100/φ8@200	顶部横向受力筋为 HPB400 级钢筋,直径 14mm、按间距 100mm 布置;构造钢筋为 HPB300 级钢筋、直径 8mm、按间距 200mm 布置
	$b=2500$	基础底板总宽度 2500mm

（5）条形基础的截面注写方式

条形基础的截面注写方式又可分为截面标注和列表注写（结合截面示意图）两种表达方式。采用截形基础进行截面标注的内容和形式与传统"单构件正投影表示方法"基本相同；采用列表注写，结合截面形基础进行截面标注的内容和形式与传统"单构件正投影表示方法"基本相同；采用列表注写（结合截面示意图）的方式对多个条形基础可进行集中表达时，表中内容为条形基础截面的几何数据和配筋，截面示意图上应标注与表中栏目相对应的代号。

5. 框架柱

主体结构是基于地基基础之上，接受、承担和传递建设工程所有上荷载，维持上部结构整体性、稳定性和安全性的有机联系的系统体系。它和地基基础一起共同构成建设工程完整的结构系统，是以工程安全使用的基础，是建设工程结构安全、稳定、可靠的载体和重要组成部分。主体结构也是建筑的主要承重及传力体，按结构体系可分为：砌体结构、框架结构、剪力墙结构、框架-剪力墙结构及筒体结构等。而这些结构体系均由多个基本构件组成，常用的基本构件包括：梁、柱、剪力墙及楼面板、屋面梁及屋面板。

柱子是建筑物中主要承受竖向荷载的受压构件，截面可以是矩形、圆形，也可以是 L 形、十字形等。其材料可以是块材、混凝土及钢材等，但最常见的是钢筋混凝土柱，见图 3-12。钢筋混凝土柱在砌体结构中一般用作构造柱，以增强抗震性和整体性，而在其他结构中则主要是承受荷载。柱子可以直接和基础相连，也可以在混凝土梁或剪力墙上生根。本节主要阐述框架柱的施工图的识读。

图 3-12　钢筋混凝土框架示意图

（1）框架柱平法施工图制图规则

关于框架柱施工图，传统的方法是结合钢筋混凝土框架设计出图的。框架施工图绘制通常有两种方式，即整榀出图和梁柱拆开分别出图。前者需在结构平面图上对每一榀框架进行编号，随后把梁柱配筋画在一起整榀出图；后者则对单根梁或柱进行编号，然后分开出图。无论采用哪种方式，均需对应每一榀中的柱或拆开以后的柱，依照编号逐个绘制配筋详图，每个柱子会有多个截面详图，这样整个框架施工图绘图量很大，而且非常烦琐。而柱平法施工图通过必要的文字说明和统一的构造措施简化了框架柱施工图的绘制内容，做到简单明了，但也增加了读图难度，下面对其制图规则进行详细说明。

1）框架柱的一般规定

柱平法施工图是在柱平面布置图上采用列表注写方式或截面注写方式表达。

柱平面布置图可采用适当比例单独绘制，也可与剪力墙平面布置图合并绘制。

在柱平法施工图中，应采用表格或其他方式注明各结构层的楼面标高、结构层高及相应的结构层号，保证地基与基础以及柱与墙、梁、板、楼梯等构件按统一的竖向尺寸进行标注。

2）框架柱编号（表 3-13）

柱编号 表 3-13

柱类型	代号	序号
框架柱	KZ	××
框支柱	KZZ	××
芯柱	XZ	××
梁上柱	LZ	××
剪力墙上柱	QZ	××

注：编号时，当柱的总高、分段截面尺寸和配筋均对应相同，仅分段截面与轴线的关系不同时，仍可将其编为同一柱号。

3）列表注写方式

列表注写方式是在柱平面布置图上（一般只需采用适当比例绘制一张柱平面布置图，包括框架柱、框支柱、梁上柱和剪力墙上柱），分别在同一编号的柱中选择一个（有时需要选择几个）截面标注几何参数代号；在柱表中注写柱号、柱段起止标高、几何尺寸（含柱截面对轴线的偏心情况）与配筋的具体数值，并配以各种柱截面形状及其箍筋类型图的方式，来表达柱平法施工图。其详细说明见表 3-14。

柱列表注写方式标注说明 表 3-14

标注内容	表达含义	附加说明
柱号	柱编号，包括类型代号和序号	
标高	起止标高值，根据断面尺寸、配筋规格、数量不同面划分	起始位置指柱主筋起点
截面尺寸 $b \times h(d)$ b_1、b_2 h_1、h_2	柱截面尺寸（圆柱直径）与轴线关系几何参数代号 b_1、b_2、h_1、h_2，芯柱尺寸按构造确定时，不注此项	对于矩形柱，注写柱截面尺寸 $b \times h$；对于圆柱，表中 $b \times h$ 一栏改用在圆柱直径数字前加 d 表示。横边为 b，与 X 向平行，竖边为 h，与 Y 向平行
全部纵筋(××φ××)	柱子截面纵向配筋总根数、强度、直径	柱子四边配筋相同时需注写此项，包括矩形柱、圆柱和芯柱
角筋(4φ××)	矩形截面角部配筋	柱子四边配筋不同时注写此项，b 边、h 边配置的是该边中部纵筋，不包括角筋；对于采用对称配筋的矩形截面，可仅注写一侧
b 边一侧中部筋(××φ××)	横边中部配筋	
h 边一侧中部筋(××φ××)	竖边中部配筋	
箍筋类型号及肢数	箍筋类型：只注写类型号及肢数	箍筋类型图需在柱表前针对平面图中柱子截面类型绘出，并编顺序号
箍筋(φ××@××)或 (φ××@××/××)	箍筋配置的强度等级、直径及间距	抗震设计时，用"/"区分柱端箍筋加密区与柱身非加密区的不同间距。当圆柱采用螺旋箍筋时，前面加 L

根据以上注写规则，识读图 3-13。以 KZ1（第一标高段）为例，结合平面图柱表中数

据的含义，具体分析见表 3-15。

柱列表注写方式实例说明　　表 3-15

图示	柱表标注内容	表达含义
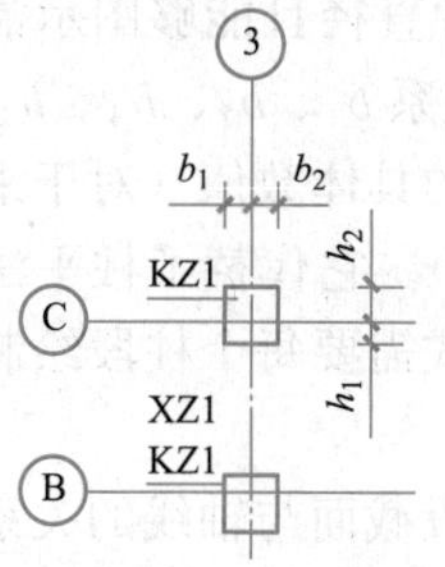	KZ1	框架柱 1 号
	−0.030～19.470	起始标高为−0,030m，终止标高为 19.470m
	b×h：750×700 b：375；h：375 h：150；h：550	柱截面尺寸：b＝750mm，h＝700mm 与轴线关系：b_1＝375mm，b_2＝375mm h_1＝150mm，h_2＝550mm，b、h 所指位置见平面图标注
	全部纵筋 24⌀25	柱子纵向配筋总数为 24 根直径为 25mm 的 HRB400 级钢筋
	角筋	总配筋项标注，则此项不注
	b 边一侧中部筋	
	h 边一侧中部筋	
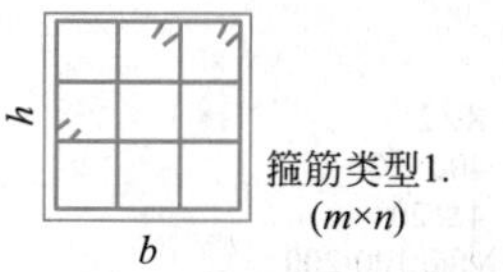	箍筋类型号及肢数 1(5×4)	箍筋类型编号为 1，肢数 b 方向为 m＝5 肢，h 方向为 n＝4 肢
	箍筋φ 10@100/200	加密区的箍筋为中φ 10@100，即直径为 10mm 的 HPB300 级钢筋，间距为 100mm，非加密区此箍筋间距变成 200mm，加密区范围按抗震构造确定

层号	标高(m)	层高(m)
屋面2	65.670	
塔层2	62.370	3.30
屋面1(塔层1)	59.070	3.30
	55.470	3.60
15	51.870	3.60
14	48.270	3.60
13	44.670	3.60
12	41.070	3.60
11	37.470	3.60
10	33.870	3.60
9	30.270	3.60
8	26.670	3.60
7	23.070	3.60
6	19.470	3.60
5	15.870	3.60
4	12.270	3.60
3	8.670	3.60
2	4.470	4.20
1	−0.030	4.50
−1	−4.530	4.50
−2	−9.030	4.50

结构层楼面标高
结构层高

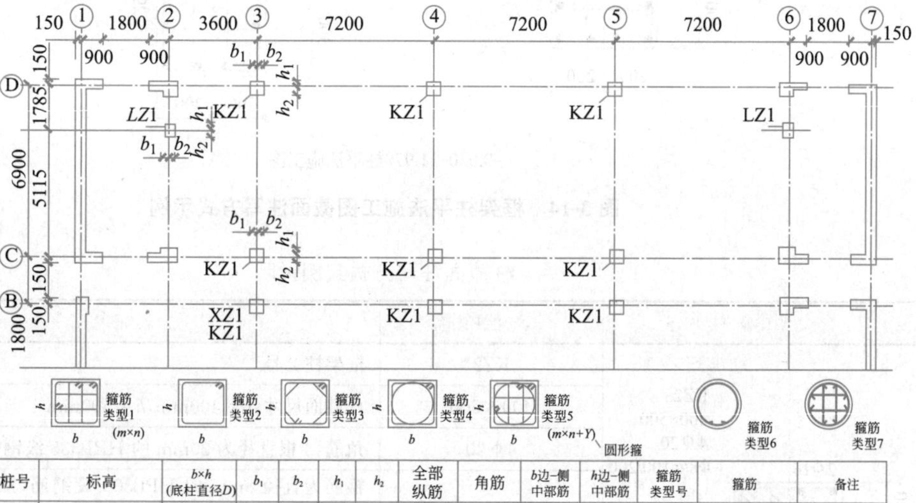

柱号	标高	b×h(底柱直径D)	b_1	b_2	h_1	h_2	全部纵筋	角筋	b边一侧中部筋	h边一侧中部筋	箍筋类型号	箍筋	备注
KZ1	−0.030~19.470	750×700	375	375	150	550	24⌀25				1(5×4)	φ10@100/200	
	19.470~37.470	650×600	325	325	150	450		4⌀22	5⌀22	4⌀20	1(5×4)	φ10@100/200	
	37.470~59.070	550×500	275	275	150	350		4⌀22	5⌀22	4⌀20	1(5×4)	φ8@100/200	
XZ1	−0.030~19.470						8⌀25				按标准构造详图	φ10@200	③×Ⓑ级KZ1中设置

注：1.如采用非对称配筋，需在柱表中增加相应栏自分别表示各边的中部筋。
2.抗震设计箍筋对纵筋至少隔一拉一。
3.类型1的箍筋肢数可有多种组合，右图为5×4的组合，其余类型为固定形式，在表中只注类型号即可。

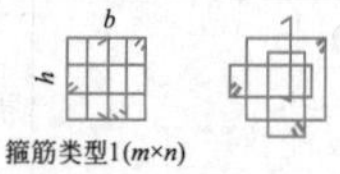

箍筋类型1(m×n)

−0.030~59.070m柱平法施工图（局部）

图 3-13　框架柱平法施工图列表注写方式示例

4）截面注写方式

截面注写方式是在分标准层绘制的柱平面布置图的柱截面上，分别在同一编号的柱中选择一个截面，以直接注写截面尺寸和配筋具体数值的方式来表达。柱平法施工图截面注写方式与列表注写方式大致相同，不同的是，在施工平面布置图中统一编号的柱选出一根为代表，对选择的截面一般按另一种比例原位放大绘制柱截面配筋图，并在各配筋图上继其编号后再注写截面尺寸 $b \times h$、角筋或全部纵筋（当纵筋采用一种直径且能够图示清楚时）、箍筋的具体数值，以及在柱截面配筋图上标注柱截面与轴线关系 b_1、b_2、h_1、h_2 的具体数值，以及当纵筋采用两种直径时，须再注写截面各边中部筋的具体数值（对于采用对称配筋的矩形截面柱，可仅在一侧注写中部筋，对称边省略不注）。它代替了柱平法施工图列表注写方式的截面类型和柱表；另外一个不同是截面注写方式需要每个柱段绘制一个柱平法施工图，这点比列表方式烦琐。

在截面注写方式中，如柱的分段截面尺寸和配筋均相同，仅分段截面与轴线的关系不同时，可将其编为同一柱号。但此时应在未画配筋的柱截面上注写该柱截面与轴线关系的具体尺寸。芯柱截面尺寸按构造确定，并按标准构造配筋。根据以上注写规则，识读图 3-14 中 KZ2，参数含义见表 3-16。

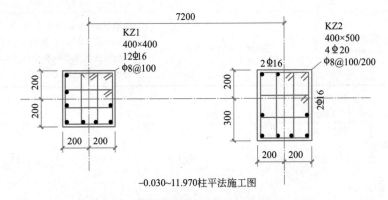

－0.030～11.970柱平法施工图

图 3-14　框架柱平法施工图截面注写方式示例

柱截面注写方式实例说明　　　　　　　　　　　　　　　　　　表 3-16

图示	柱表标注内容	表达含义
KZ2 400×500 4Φ20 Φ8@100/200	KZ2	框架柱2号
	400×500	柱截面尺寸：$b=400mm$, $h=500mm$
	4Φ20	角筋：4 根直径为 20mm 的 HRB335 级钢筋
	Φ8@100/200	箍筋为直径 8mm 的 HPB300 级钢筋，加密区按等间距 100mm、非加密区按等间距 200mm 配置，加密区范围按抗震构造确定
	水平边 2Φ16	b 边中部对称布置 2 根直径为 16mm 的 HRB335 级钢筋
	竖直边 2Φ16	h 边中部对称布置 2 根直径为 16mm 的 HRB335 级钢筋
	尺寸 200,200；300,200	柱截面与轴线关系：水平（X 向）$b_1=200mm$, $b_2=200mm$；竖向（Y 向）$h_1=300mm$, $h_2=200mm$

注：截面注写方式中，因每个柱段绘制一个柱平法施工图，所以单个柱不需注写起止标高，该柱所属标高段可见图名或图纸中结构标高、楼层号表中所示位置或其他说明。

（2）框架柱平法施工图实例（图 3-15）

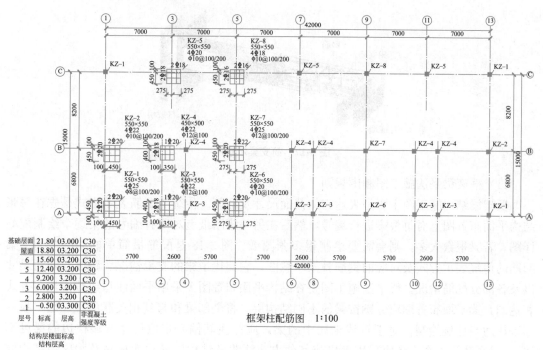

图 3-15　框架柱平法施工图截面注写方式实例

6. 钢筋混凝土框架梁

梁在建筑物中是水平（或倾斜）放置的杆件类构件，在力学上它是承受纵向平面内受到的力偶或垂直于杆轴线的横向力作用的构件。是典型的受弯构件。受弯构件一般要采用抗拉性能比较好的材料，工程中多采用木材（利用顺纹方向强度）、钢材等，而钢筋混凝土梁，由于钢筋受到了很好的保护、造价又比钢材低，并且有相对较好的强度，因此得到了广泛应用。钢筋混凝土梁按其截面形式，可分为矩形梁、T 形梁、工字梁、槽形梁和箱形梁等（图 3-16），工程中常用前三种。按其结构受力简图，可分为简支梁、连续梁、悬臂梁、主梁和次梁等。图 3-17 是一根简支梁模型，配置的钢筋包括梁底面抗拉的纵向受力筋，抗剪和改善梁受力性能的箍筋，以及固定箍筋位置的架立筋。而在其他受力形式的梁中，还会配置支座上部抵抗负弯矩的非通长纵筋，上部受压钢筋，侧面抗扭或纵向构造筋等。框架梁主要受力形式是连续梁和悬挑梁，受力复杂，怎样才能将它的结构施工图简单、明了地表达出来呢？

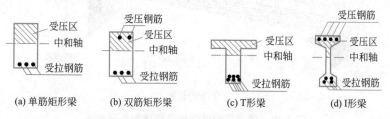

图 3-16　常用梁截面示意图

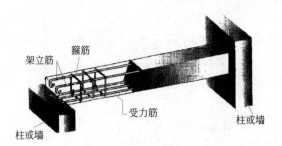

图 3-17　简支梁示意图

（1）框架梁平法施工图制图规则

框架梁结构施工图主要是表达它的截面尺寸及配筋。传统的配筋表示方式是先在每张结构平面布置图上对每根梁进行编号，然后在另一张图纸上对所有编号的梁逐个绘制配筋详图，若梁根数太多，则会需要绘制很多张图纸。图 3-18 是配筋最简单的某一根简支梁配筋的传统表示方式及对应的钢筋骨架示意图，它交代了梁的支承情况、跨度，断面尺寸以及各部分配筋情况。梁平法施工图是在结构平面布置图上采用平面注写或截面注写方式表达的，梁平面布置图应分别按梁的不同结构层，将全部梁和与其相关联的柱、墙、板一起采用适当比例绘制。对于轴线未居中的梁，应标注其偏心定位尺寸（贴柱边的梁可不注）。梁平法施工图中还应采用表格或其他方式注明各结构层的顶面标高及相应的结构层号，下面对平面注写方式和截面注写方式进行详细说明。

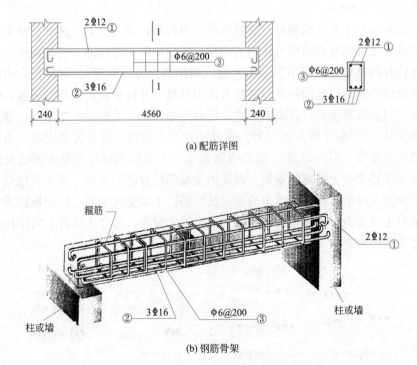

图 3-18　传统梁配筋详图及钢筋骨架示意图

1) 梁的编号（表 3-17）。

梁编号 表 3-17

梁类型	代号	序号	跨数及是否带有悬挑
楼层框架梁	KL	××	(××)、(××A)或(××B)
屋面框架梁	WKL	××	(××)、(××A)或(××B)
框支梁	KZL	××	(××)、(××A)或(××B)
非框架梁	L	××	(××)、(××A)或(××B)
悬挑梁	XL	××	
井字梁	JZL	××	(××)、(××A)或(××B)

2) 梁平法施工图平面注写方式

梁平法施工图平面注写方式是指在梁平面布置图上，分别在不同编号的梁中各选一根梁，在其上注写截面尺寸和配筋具体数值的方式来表达梁平法施工图。平面注写包括集中标注与原位标注，集中标注表达梁的通用数值，原位标注表达梁的特殊数值当集中标注中的某一项数值不适用于梁的某部位时，则将该项数值原位标注。施工时，原位标注取值优先梁集中标注的内容，有梁编号、截面尺寸、箍筋、上部通长筋和侧面构造筋等五项必注值和梁顶面标高高差一项选注值，集中标注可以从梁的任意一跨引出。梁原位标注内容包括：梁支座上部纵筋（包含通长筋）、梁下部纵筋、附加箍筋和吊筋以及与集中标注不同的某跨梁的信息等。根据以上注写规则，识读图 3-19，含义见表 3-18，平面注写示例说明如图 3-20 所示。

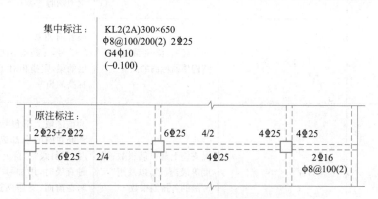

图 3-19 框架梁平面注写示例

梁平法施工图平面注写方式说明 表 3-18

标注说明分类	注写形式	表达内容	附加说明
集中标注说明（集中标注可以从梁的任意一跨引出）	KLX X(XB)	梁编号，具体包括：代号、序号、(跨数及外伸状况)	(X)无外伸，仅标跨数；(XA)一端有外伸；(XB)两端有外伸
	$b×h$	截面尺寸：梁宽×梁高	加腋时，用 $b×h×Yc_1×Yc_2$ 表示，其中 $c1$ 为腋长，为腋高；有悬挑梁且根部与端部的高度不同时，用斜线将高度值分隔，即 $b×h_1/h_2$

标注说明分类	注写形式	表达内容	附加说明
集中标注说明（集中标注可以从梁的任意一跨引出）	A××@×××/×××(×)	箍筋强度、直径、加密区间距/非加密区间距(肢数)	A:钢筋强度等级符号;"/":用来分隔不同箍筋的间距及肢数,肢数相同时,只注写一次,并在括号内。加密区范围见抗震构造;其他梁配不同箍筋时,也用"/"分隔,先写梁端,再写跨中
	×A××或(×A××;×A××)	梁上部通长筋或架立根数、强度等级、直径;或(上部通长筋;下部通长筋)	通长筋可为相同或不同直径采用搭接连接、机械连接或对焊连接的钢筋,当同排纵筋中既有通长筋又有架立筋时,应用加号"+"将通长筋和架立筋相连。注写时须将角部纵筋写在加号的前面、架立筋写在加号后面的括号内,当全部采用架立筋时,也写入括号内,此项可加注下部纵筋的配筋值,用分号";"将上部与下部纵筋的配筋值分隔开来,少数跨不同者,进行原位标注
	G×A××或N×A××	梁侧面纵向构造钢筋(G)或抗扭钢筋(N)根数、强度等级、直径	为梁两个侧面构造纵筋或抗扭钢筋的总数(两者选其一),应对称布置,布置间距按梁腹板高度内均匀分布(应注意两者构造不同,抗扭钢筋按受力钢筋考虑)
	(×.×××)	梁顶高差:梁顶面相对于结构楼面标高的高差	高者前面加"+"号,低者前面加"－"号,无高差不注,对位于结构夹层的梁,则指相对于结构夹层楼面标高的高差
原位标注(含通长筋)的说明	×A×× ×/×	梁支座上部纵筋根数、强度等级,直径,以及用"/"分隔的各排筋根数	为该区域上部包括通长筋与非通长筋在内的全都纵筋。多于一排时,用斜线"/"自上而下分开;有两种直径时,用加号"+"相连,角筋写在前面;支座两边纵筋不同时,分别,相同时,可仅标注在支座一侧标注
	×A×× ×/×或×A×× ×/× (－×)/×	梁下部纵筋根数、强度等级、直径,以及用"/"分隔的各排筋根数。有不伸入支座的钢筋用(－X)注明,可以是根数,也可以是具体配筋值	多于一排时,用斜线"/"自上而下分开;有两种直径时, 用加号"+"相连,角筋写在前面;当梁下部纵筋不全部伸入支座时,将梁支座下部纵筋减少的数量写在括号内。此项如在集中标注中注写,此处不再重复

续表

标注说明分类	注写形式	表达内容	附加说明
原位标注(含通长筋)的说明	×A××或×A××(×)	附加箍筋总根数或吊筋强度等级、直径;括号内为箍筋肢数	将其直接画在平面图中的主梁上,用线引注总配筋值。当多数附加箍筋或吊筋相同时,可在梁平法施工图上统一注明,少数不同时,再原位标注
	其他原位标注	某部位与集中标注不同的内容	一经原位标注,原位标注值优先

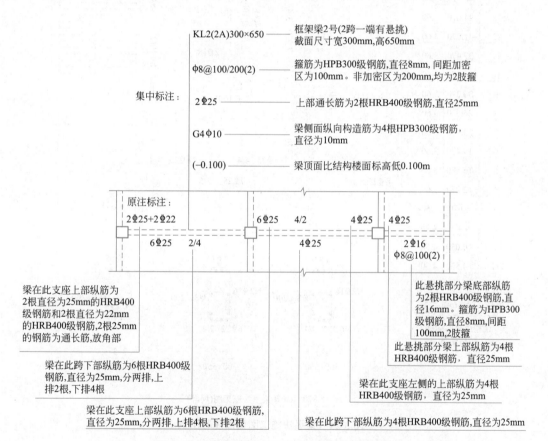

图 3-20　框架梁平法施工图平面注写示例说明

3)梁平法施工图截面注写方式

梁平法施工图截面注写方式是在分标准层绘制的梁平面布置图上,分别在不同编号的梁中各选择一根梁用剖面号引出配筋图,并在其上注写截面尺寸和配筋具体数值的方式来表达梁平法施工图 3-21。对所有梁按规定进行编号,从相同编号的梁中选择一根梁,先将"单边截面号"画在该梁上,再将截面配筋详图画在本图或其他图上。当某梁的顶面标高与结构层的楼面标高不同时,尚应在其梁编号后注写梁顶面标高高差(注写规定与平面注写方式相同）。在截面配筋详图上注写截面尺寸 $b×h$、上部筋、下部筋、侧面构造筋或受扭筋，以及箍筋的具体数值时，其表达形式与平面注写方式相同。截面注写方式既可以单独使用，也可以与平面注写方式结合使用。

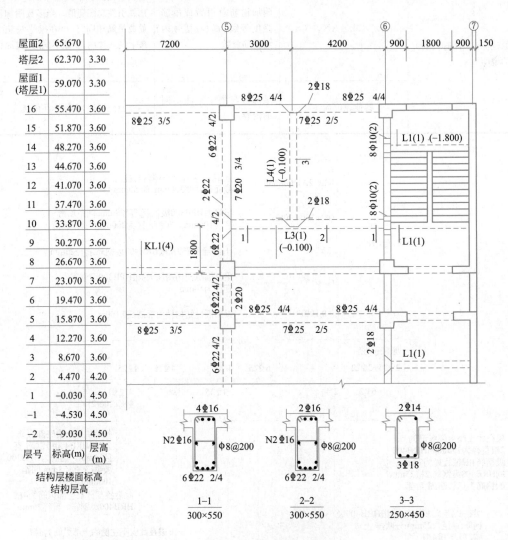

15.870~26.670梁平法施工图(局部)

图 3-21 梁平法施工图截面注写示例

（2）框架梁平法施工图实例（图 3-22）

7. 钢筋混凝土板

板在建筑物中是水平（或倾斜）放置的分隔垂直空间的构件，其受力类似于梁，是典型的受弯构件。钢筋混凝土板是目前应用最广泛的板，根据施工方法不同，可分为现浇板和预制板。预制板结构布置图一直沿用传统方式绘制和识读。本单元讲述的板是指现浇的混凝土楼面板和屋面板。根据受力和传力情况，钢筋混凝土楼板可分为板式楼板、梁板式楼板、无梁楼板等。板式楼板是板内不设梁，板直接搁置在四周墙上的板。梁板式楼板是

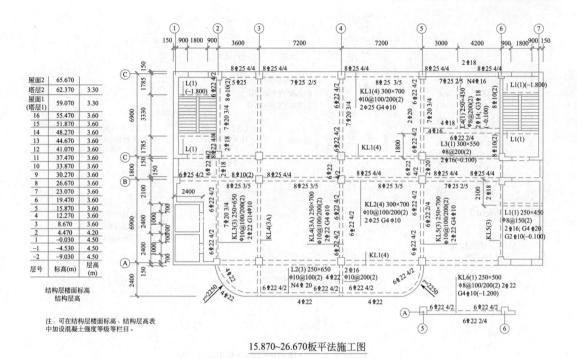

图 3-22　框架梁平法施工图平面注写方式实例

由板、次梁、主梁组成的楼板，板支承在次梁上，次梁支承在主梁上，主梁支承在墙或柱上（图 3-23）。

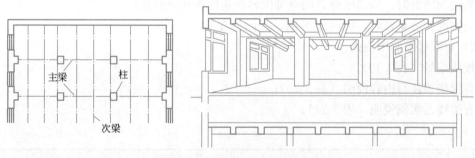

图 3-23　钢筋混凝土梁板式楼板

（1）钢筋混凝土板平法施工图制图规则（图 3-24）

板的平法施工图是在板平面布置图上采用平面注写方式进行表达。平法中将板根据支座的不同分为有梁楼盖和无梁楼盖两种。板的平法施工图平面注写方式与前面讲过的筏形基础平板（梁板式筏形基础平板、平板式筏形基础平板）平法施工图注写方式类似，只是由于受力方式大体相反，配筋位置也上下互换，且楼盖受力要比基础简单得多，所以楼盖配筋也相对简单。板的平法施工图注写内容包括板块集中标注（用符号和数字表达板的厚度和贯通筋）和板支座原位标注（在板支座处或纯悬挑板上部原位画出不带弯钩的钢筋示意图）。下面进行详细说明。

1）板平法施工图坐标方向规定（与筏形基础平板相同）

层号	标高(m)	层高(m)
9	30.270	3.60
8	26.670	3.60
7	23.070	3.60
6	19.470	3.60
5	15.870	3.60
4	12.270	3.60
3	8.670	3.60
2	4.470	4.20
1	−0.030	4.50
−1	−4.530	4.50
−2	−9.030	4.50

结构层楼面标高
结构层高

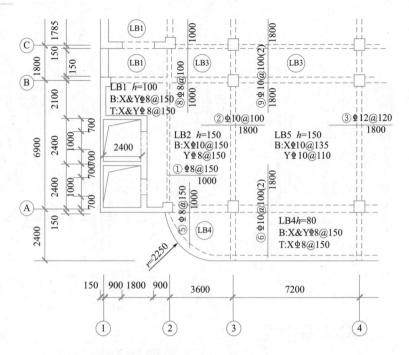

15.870～26.670板平法施工图
注：未注明分布筋为φ8@250。

图 3-24　有梁板平法施工图平面注写示例（局部）

两向轴网正交布置时，从左至右为 X 向，由下至上为 Y 向；

当轴网转折时，局部坐标方向顺轴网转折角度作相应转折；

当轴网向心布置时，切向为 X 向，径向为 Y 向。

2）有梁楼盖制图规则

板块编号（表 3-19）；

有梁楼盖注写内容说明（表 3-20）；

有梁楼盖实例说明（表 3-21）。

板块编号　　　　　　　　　　　　　　　　　　　表 3-19

板类型	代号	序号
楼面板	LB	××
屋面板	WB	××
悬挑板	XB	××

注：对于普通楼面，两向均以一跨为一板块；对密肋楼盖，两向主梁均以一跨为一板块。

有梁楼盖注写内容说明　　　　　　　　　　　　　表 3-20

标注说明分类	注写形式	表达内容	附加说明
集中标注说明（相同编号的板块选择其一）	LB××(WB××,XB××)	板编号,包括代号、序号	对所有板块应逐一编号,相同编号的板块可选择其一作集中标注,其他仅注写置于圆圈内的板编号,及标高不同时的高差

续表

标注说明分类	注写形式	表达内容	附加说明
集中标注说明（相同编号的板块选择其一）	$h=\times\times\times\times$ 或 $h=\times\times$ $\times/\times\times\times$	板厚度	悬挑板端部改变截面厚度时用"/"分隔根部与端部的高度值
	X:B:A$\times\times$@$\times\times\times$;T:A $\times\times$@$\times\times\times$; Y:B:A$\times\times$@$\times\times\times$;T:A $\times\times$@$\times\times\times$	X 向底部与顶部贯通纵筋强度等级、直径、间距；Y 向底部与顶部贯通纵筋强度等级、直径、间距	用"B"引导底部贯通纵筋，用"T"引导顶部贯通纵筋。X、Y 两向贯通筋相同时则以"X&Y"打头，同时表达。当在某些板内配构造筋（如悬挑板下部）则以 Xc 和 Yc 打头
板支座上部非贯通筋和纯悬挑板上部受力筋的原位标注说明（注写在配置相同跨的第一跨）	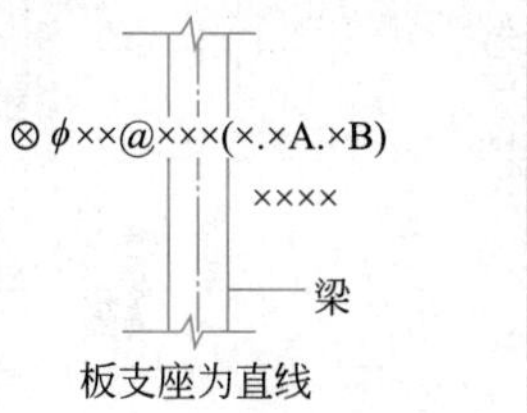 　板支座为直线	中粗实线代表钢筋，上部注写支座上部附加非贯通纵筋编号、强度等级、直径、间距（相同配筋横向布置的跨数及有否布置到外伸部位）；下部注写自梁中心线分别向两边跨内的延伸长度值	当向两侧对称延伸时，可只在一侧注延伸长度值；对贯通全跨或贯通全悬挑长度一侧的长度值不注；相同非贯通纵筋可只注写一处，其他仅在中粗实线上注写编号。与贯通纵筋组合设置时按"隔一布一"方式（见筏形基础注解）布置
	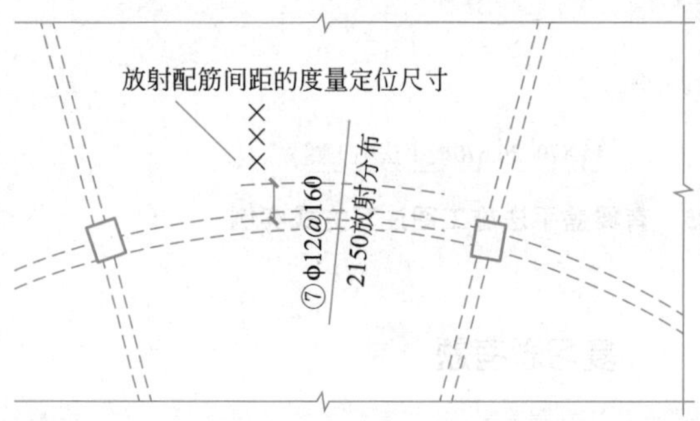		当板支座为弧形，支座上都非贯通筋呈放射状分布时，图纸中会加注"放射分布"四个字，并注明配筋间距的度量位置，其他注解同前

有梁楼盖平法施工图平面注写实例说明　　　　　　　　　　表 3-21

示例	图示符号	实际含义
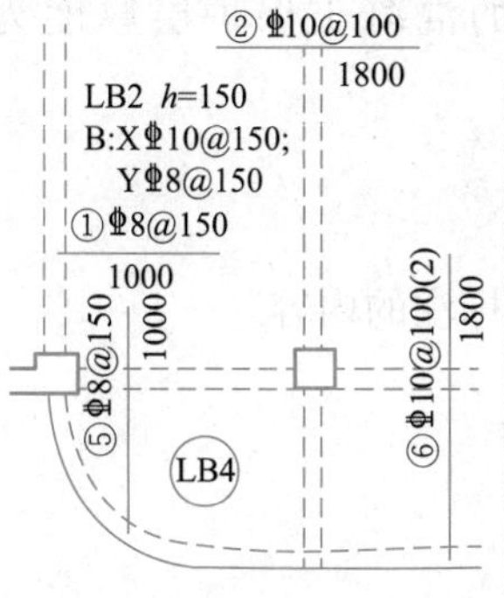	LB2	编号：楼面板 2 号
	$h=150$	板厚 150mm
	B:XC10@150;YC8@150	底部贯通纵筋为 HRB400 级钢筋，X 向：直径 10mm、按间距 150mm 布置；Y 向：直径 8mm、按间距 150mm 布置
	①8@150 1000	①号支座上部附加非贯通纵筋；HRB400 级钢筋，直径 8mm，间距按 150mm 布置，向支座右侧延伸 1000mm，只布置本跨
	②10@100 1800	②号支座上部附加非贯通纵筋；HRB400 级钢筋，直径 10mm，间距按 150mm 布置，向支座两侧均延伸 1800mm，只布置本跨
	⑥10@100(2) 1800	⑥号支座上部附加非贯通纵筋；HRB400 级钢筋，直径 10mm，间距按 150mm 布置，横向布置两跨向支座上侧延伸 1800mm，支座下侧全贯通

（2）现浇板平法施工图实例（图 3-25）

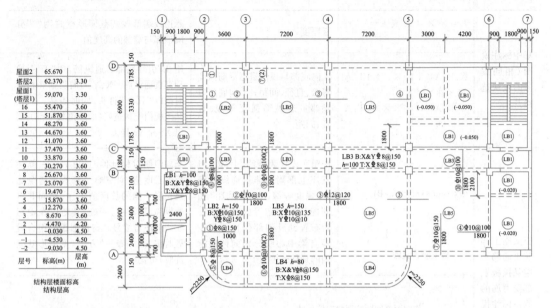

注：1. 可在结构层楼面标高、结构层高表中加设混凝土强度等级等栏目。
2. 未注明分布筋为Φ8@250。

15.870~26.670板平法施工图

图 3-25　有梁盖平法施工图注写方式实例

复习思考题

1. 结构设计说明包括哪些内容？

2. 根据图 2.3.1、图 2.3.2 所示的结构设计说明实例的内容回答下列问题：

（1）本工程采用的是什么结构形式？

（2）本工程抗震设防烈度为多少？

（3）本工程结构构件的抗震等级怎样？

（4）本工程中基础、框架柱、框架梁、楼面（屋面）板的混凝土保护层厚度为多少？

（5）本工程楼板、屋面板未注明的分布筋怎样配置？

3. 熟练掌握条形基础的编号。

4. 熟练掌握梁板式条形基础在平法施工图中集中标注和原位标注的内容。

5. 熟练识读条形基础施工图平法实例。

单元 3.3 结构施工图的绘制

3.3.1 基础结构平面图的绘制

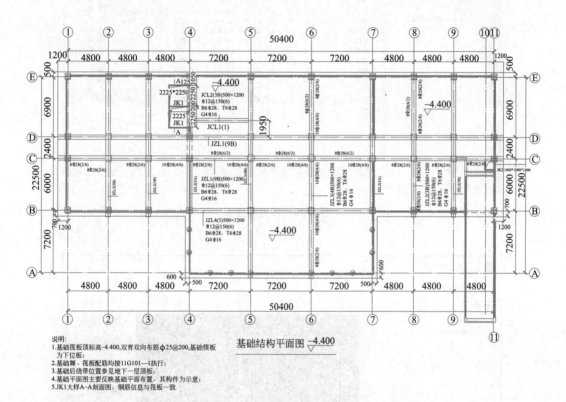

基础结构平面图 -4.400

说明:
1.基础筏板顶标高-4.400,双育双向布筋φ25@200,基础筏板
  为下位板;
2.基础舞、筏板配筋均按11G101—1执行;
3.基础后浇带位置参见地下一层顶板;
4.基础平面图主要反映基础平面布置,其构件为示意;
5.JK1大样A-A刻面图,铜筋信息与筏板一致。

绘制步骤:

1. 设置图层

单击"格式"选项卡中的"图层"命令（LA）。在图层特性管理器中选择"新建图层"按钮 ，创建轴线、框架柱、墙体、井字梁、承台、标注、结构标注、填充、文字等图层,然后修改各图层的颜色、线型、线宽。如图 3-26 所示。

2. 设置文字样式

（1）单击"标注"选项卡中的"标注样式"命令（D）,如图 3-27 所示。

（2）然后点击"新建"新建文字样式为"标注 1:100",再点击"继续"如图 3-28 所示。弹出"新建标注样式"界面后,将进行对里面的参数进行修改。第一步:在标注线界面里修改基线间距为 10;原点为 2;尺寸线为 2,如图 3-29 所示。第二步:单击"符号和箭头"修改起始箭头为"建筑标记"如图 3-30 所示。第三步:单击"文字"修改文字样式，然后选中文字样式最右侧的按钮 [___] 进行修改，如图 3-31 所示。然后单击"新建"新建样式名称为 HZ；点击确定，如图 3-32 所示。第四步：修改宽度因子为 0.7，文本字体名称为"仿宋"如图 3-33 所示。同上单击"新建"新建样式名称为 XT，修改文本字体名称为"simplex.shx"，大字体为"HZTXTI.SHX"。最后点击确认，回到"新建标注样式"界面后，修改文字样式为"XY"如图 3-34 所示。

图 3-26　设置图层

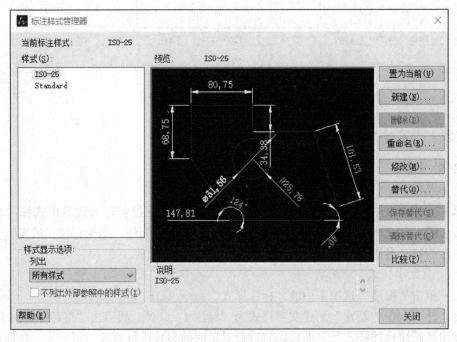

图 3-27　单击"标注样式"

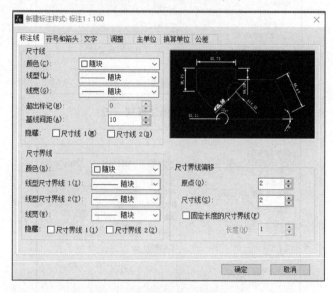

图3-28 新建标注样式（一）

图3-29 新建标注样式（二）

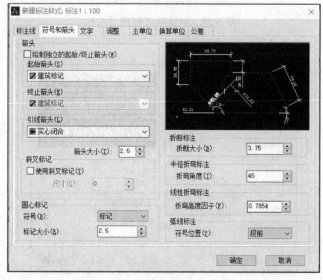

图3-30 新建标注样式（三）

图 3-31　新建标注样式（四）

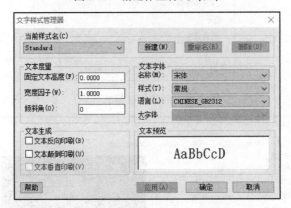

图 3-32　新建标注样式（五）

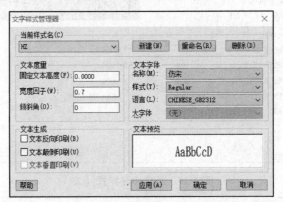

图 3-33　新建标注样式（六）

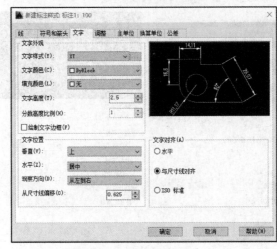

图 3-34　新建标注样式（七）

3. 绘制轴线网

（1）将当前图层设置为轴线图层。

（2）点击"绘图"选项卡中的"构造线"命令（XL），随意绘制一条水平和一条垂直的构造线，组成"＋"构造线。如图 3-35 所示。

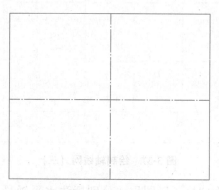

图 3-35　绘制轴线网（一）

（3）点击"修改"选项卡中的"偏移"命令（O）。将水平构造线向上偏移 7200，6000，2400，1950，6900；得到水平方向的辅助线。然后将垂直构造线分别向右偏移 4800，4800，4800，7200，7200/2，然后选中前 4 条垂直构造线以第 5 条垂直构造线为镜像命令（MI）的辅助线进行镜像。最后得到了水平轴号 1～11 和垂直轴号 A～E 的辅助线网格。如图 3-36 所示。

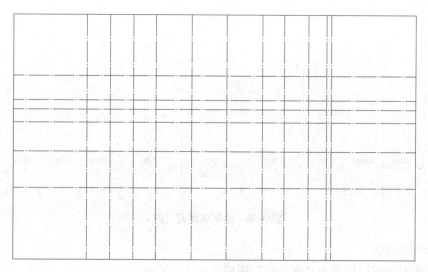

图 3-36　绘制轴线网（二）

（4）在构造线所围成最外围矩形上使用矩形命令（REC）绘制矩形，然后使用偏移命令（O）偏移所绘制的矩形（偏移距离为 2600），最后使用修剪命令（TR）去选中上一步所偏移的矩形，再按一次空格，去选中所有构造线，就会自动生成封闭式的构造线网格。最后再把偏移的矩形删掉（O），以及对轴网进行修剪。如图 3-37 所示。

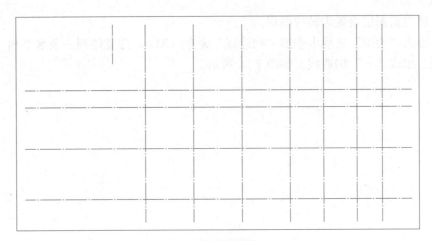

图 3-37　绘制轴线网（三）

（5）将当前图层设置为"柱子"图层。分别标注水平轴号 1～11 和垂直轴号 A～E。最后再标注轴网之间的尺寸及总尺寸。如图 3-38 所示。

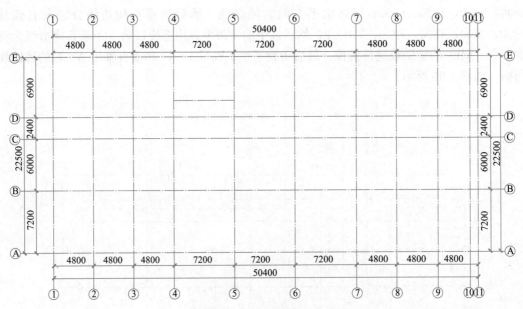

图 3-38　绘制轴线网（四）

4. 绘制框架柱

（1）将当前图层设置为"框架柱"图层。

（2）根据柱子的分类分别对柱子定位绘制，根据"柱平法施工图"所示已知框架柱尺寸为 600×600，且都距轴线中心放置。使用矩形命令（REC）绘制一个 600×600 的矩形，如图 3-39 所示。再使用移动命令（M）将矩形中心与 E 号轴线和 1 号轴线相交点上，如图 3-40 所示。然后使用复制命令（CO）分别对轴网进行布置框架柱。

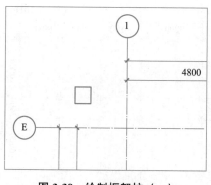

图 3-39　绘制框架柱（一）

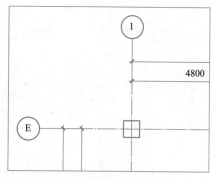

图 3-40　绘制框架柱（二）

（3）最后将当前图层设置为"填充"图层对所有框架柱进行填充，执行填充命令（H），选择填充图案为"SOLID"，再点击"添加：拾取点"进行填充如图 3-41 所示。最后把轴线关掉对所有柱子进行填充。如图 3-42 所示。圆柱（同法）。

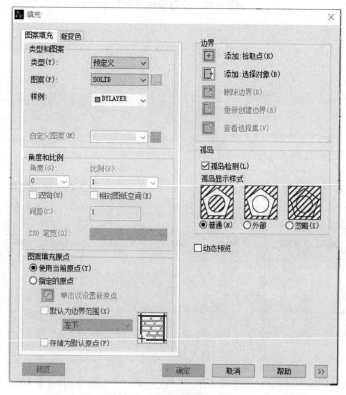

图 3-41　绘制框架柱（三）

5. 绘制墙体

（1）将当前图层设置为"墙体"图层。

（2）使用直线命令（L）连接 1、2 号轴线和 E 号轴线相交的框架柱顶部，如图 3-43 所示。使用偏移命令（O）对直线向下偏移 250，再使用直线命令（L）对两条直线进行先后连接，如图 3-44 所示。最后再使用复制命令（CO）对剩下的墙体进行绘制。如图 3-45 所示。

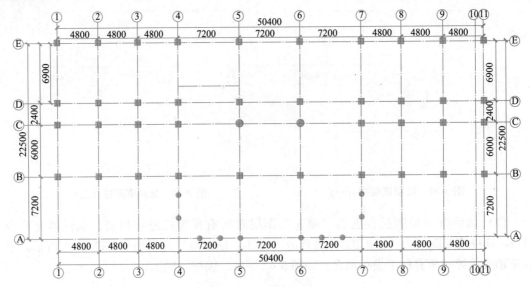

图 3-42　绘制墙体（一）

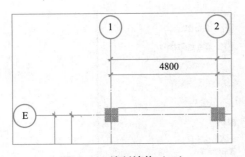

图 3-43　绘制墙体（二）

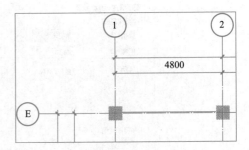

图 3-44　绘制墙体（三）

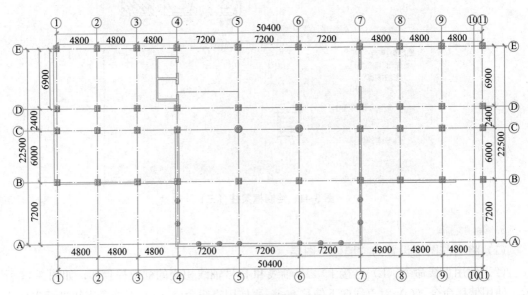

图 3-45　绘制墙体（四）

6. 填充墙体

（1）将当前图层设置为"填充"图层。

（2）使用填充命令（H）对墙体进行填充，执行填充命令（H），选择填充图案为"SOLID"，再点击"添加：拾取点"进行填充如图 3-46 所示。填充完成如图 3-47 所示。

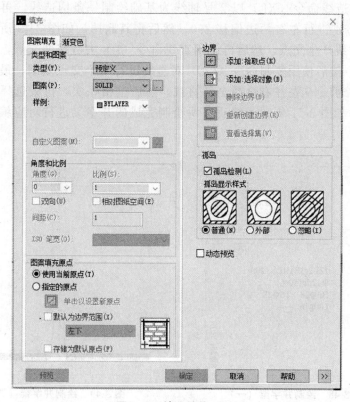

图 3-46　填充墙体（一）

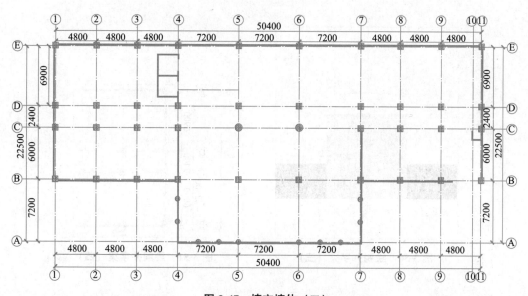

图 3-47　填充墙体（二）

7. 绘制井字梁

（1）将当前图层设置为"井字梁"图层。

（2）根据图所知，2、3、8、9 号轴线的井字梁是三跨两端悬挑，且截面尺寸为 500×1200，所以井字梁宽为 500，如图 3-48 所示。

（3）使用构造线命令（XL）以 2 号轴线为基础绘制一条构造线，再使用偏移命令（O）对构造线分别进行左右两边偏移 250，然后将其删掉，如图 3-49 所示。其次就会与框架柱的图层线产生交点，然后再使用直线命令（L）去链接两交点，椭圆所圈范围如图 3-50 所示。然后使用复制命令（CO）对直线进行每个交点复制，最后使用修剪命令（TR）进行修剪。从左往右选择全部直线，然后空格一次，再去选择构造线，就会使井字梁封闭，如图 3-51 所示。然后将所绘制完成的井字梁进行对应编号复制，如图 3-52 所示。

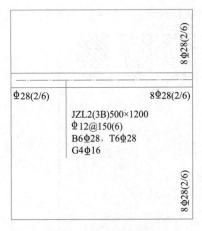

图 3-48　绘制井字梁（一）

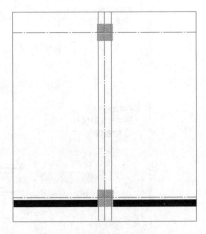

图 3-49　绘制井字梁（二）

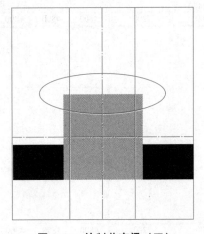

图 3-50　绘制井字梁（三）

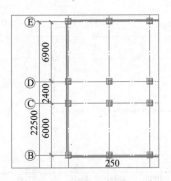

图 3-51　绘制井字梁（四）

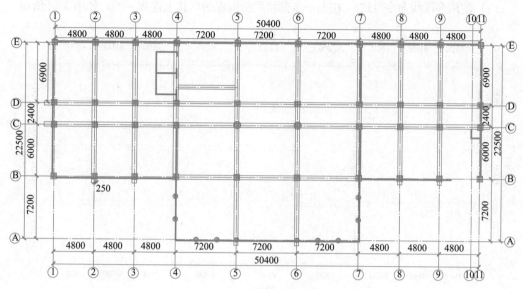

图 3-52　绘制井字梁（五）

8. 绘制承台

（1）将当前图层设置为"承台"图层。

（2）根据图所知，承台距离 E 号轴线 500，距离 B 号轴线 700，距离 A 号轴线 600，距离 1、11 号轴线 1200，距离 4、7 号轴线 500。所以使用偏移命令（O）分别对 E 号轴线向上偏移 500，对 B 号轴线向下偏移 700，对 A 号轴线向下偏移 600，对 1、11 号轴线分别进行左右偏移 1200，对 4、7 号轴线分别进行左右偏移 500，最后会形成一个向下凸的封闭形状，如图 3-53 所示。

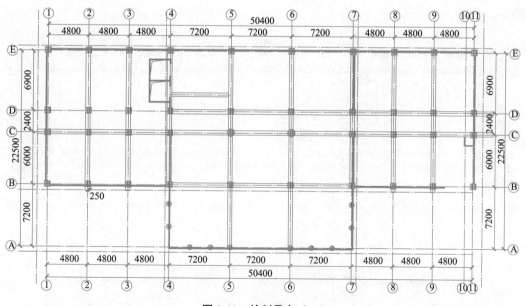

图 3-53　绘制承台（一）

（3）使用多段线命令（PL）在上一步偏移后所围成的形状上连接一圈，如图 3-54 所示。

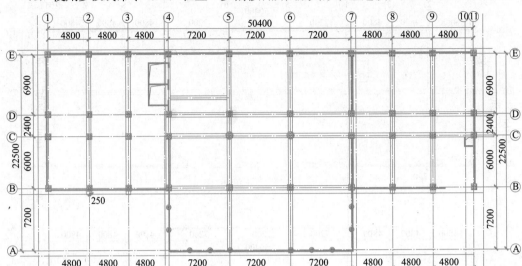

图 3-54 绘制承台（二）

9. 尺寸标注

（1）将当前图层设置为"标注"图层。

（2）使用对齐标注命令（DIL）进行需要标注的细部数据，方法 1：输入命令 DIL 后空格一次，然后选取起始点再选取终点，这样就可以得到想标注的数据；方法 2：输入命令 DIL 后空格两次，然后选择您所要标注的线段，然后这样就可以直接得到您所标注的数据（如果想连续标注，就请在第一次标注数据后输入命令 DCO 连续标注就可以了）。如图 3-55 所示。

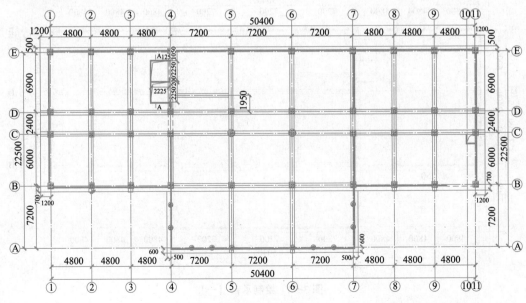

图 3-55 尺寸标注

10. 结构标注

（1）将当前图层设置为"结构标注"图层。

（2）单击"绘图"选项卡"多段线"命令，绘制结构标注引线，指定宽为 30，然后绘制一条与所标注的井字梁相互垂直的多段线。最后分别在水平引线的上次标注或者在竖向引线的右侧进行标注。如图 3-56 所示。

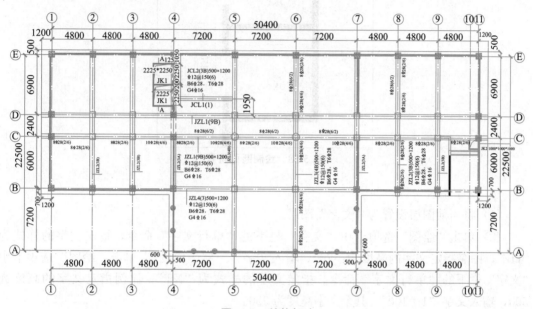

图 3-56　结构标注

11. 绘制标高

（1）将当前图层设置为"标注"图层。

（2）单击"绘图"选项卡中的"直线"命令，先绘制一条长"600"的线，然后找到线的中心，以此为基点，向下画一条"300"的线，将其连接成一个等边三角形，并将边长再延长画"1200"，删除多余的线条。单击"绘图"选项卡"文字"栏下的"单行文字"命令，输入文字的高度为"300"，输入"%%P0.000"，即完成一个标高的绘制。单击"修改"选项卡中的"复制"命令，鼠标左键双击修改文字，将所有的标高绘制完成，如图 3-57 所示。

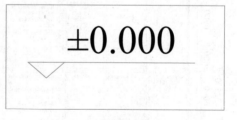

图 3-57　绘制标高

12. 绘制断面符号

（1）将当前图层设置为"标注"图层。

（2）单击"绘图"选项卡"多段线"命令，指定半宽为 30，指定距离为 600。

（3）单击"绘图"选项卡中"文字"栏下的"单行文字"命令，指定文字的样式为"XT"，指定文字的高度为 200，按照此方法将剖切符号绘制完成，如图 3-58 所示。

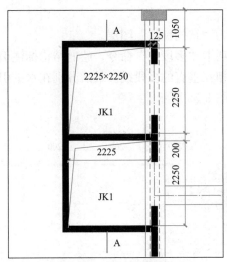

图 3-58　绘制断面符号

13. 文字说明

（1）将当前图层设置为"文字"图层。

（2）单击"绘图"选项卡中"文字"栏下的"单行文字"命令，指定文字的样式为"HZ"，图名指定文字的高度为：700，输入文字"一层平面图"。单击"绘图"选项卡中"文字"栏下的"单行文字"命令，指定文字的样式为"XT"，比例指定文字的高度为500，输入文字"1：100"。其余文字高度为350。

（3）单击"绘图"选项卡"多段线"命令，指定宽度为100，在图名下绘制一条和图名上一样的多段线。如图3-59所示。

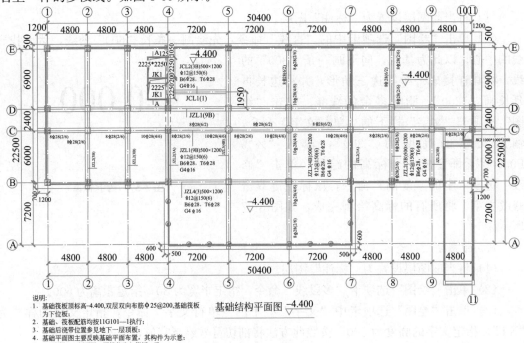

说明：
1. 基础筏板顶标高-4.400,双层双向布筋φ25@200,基础筏板为下位板。
2. 基础、筏板配筋均按11G101—1执行；
3. 基础后浇带位置参见地下一层顶板；
4. 基础平面图主要反映基础布置，其构件为示意；
5. JK1大样A-A刻面图，钢筋信息与筏板一致。

图 3-59　文字说明

3.3.2　梁平法施工图的绘制（一）

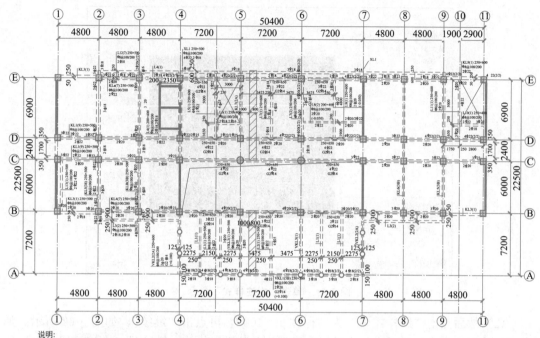

3.800梁平法施工图

说明：
1. 梁配筋表示方法按11G101-1，有关构造规定执行11G101-1；
2. 梁定位参见相应的结构平面图；
3. 未标注附加箍筋均为每侧3；
4. 未标注肢筋均为2肢箍；
5. 未定位梁对所在轴线、定位线居中。

绘制步骤：

1. 设置图层

单击"格式"选项卡中的"图层"命令（LA）。在图层特性管理器中选择"新建图层"按钮 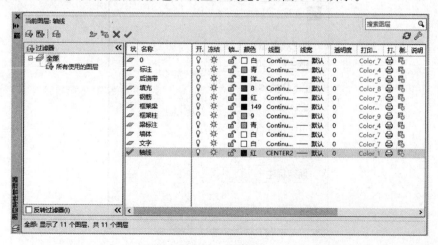，创建轴线、框架柱、墙体、框架梁、梁标注、标注、后浇带、填充、钢筋、文字等图层，然后修改各图层的颜色、线型、线宽。如图 3-60 所示。

图 **3-60**　设置图层

2. 设置文字样式

（1）单击"标注"选项卡中的"标注样式"命令（D），如图 3-61 所示。

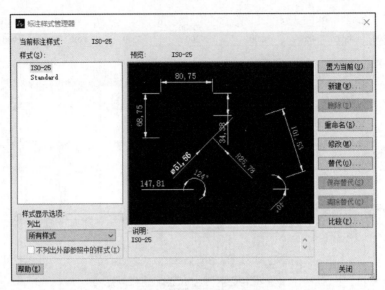

图 3-61　单击"标注样式"命令

（2）然后点击"新样式名"为"标注 1：100"，再点击"继续"，如图 3-62 所示。弹出"新建标注样式"界面后，将进行对里面的参数进行修改。第一步：在标注线界面里修改基线间距为 10；原点为 2；尺寸线为 2，如图 3-63 所示。第二步：单击"符号和箭头"修改起始箭头为"建筑标记"如图 3-64 所示。第三步：单击"文字"修改文字样式，然后选中文字样式最右侧的按钮□□□进行修改，如图 3-65 所示。然后单击"新建"新建样式名称为 HZ；点击确定，如图 3-66 所示。第四步：修改宽度因子为 0.7，文本字体名称为"仿宋"，如图 3-67 所示。同上单击"新建"新建样式名称为 XT，修改文本字体名称为"simplex. shx"，大字体为"HZTXTI. SHX"。最后点击确认，回到"新建标注样式"界面后，修改文字样式为"XY"，如图 3-68 所示。

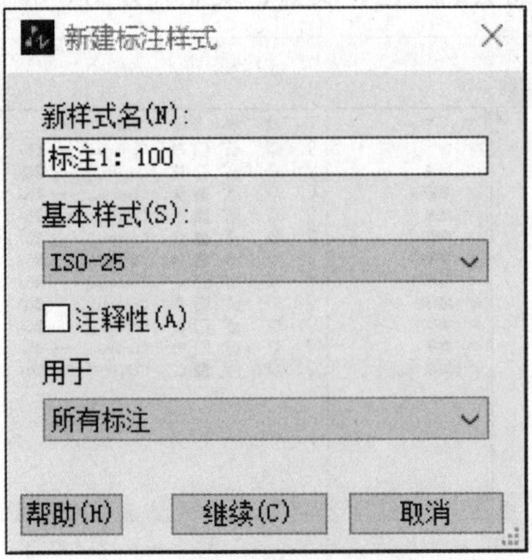

图 3-62　点击"新建标注样式"

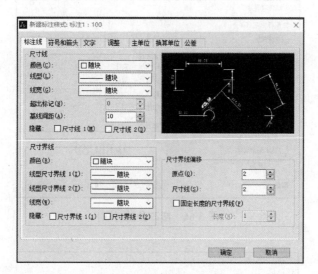

图 3-63   修改参数（一）

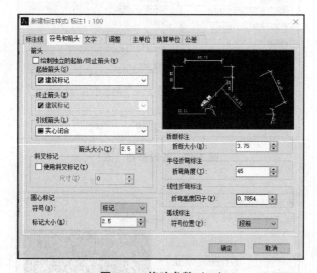

图 3-64   修改参数（二）

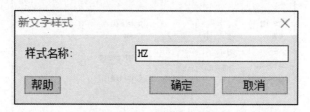

图 3-65   修改参数（三）

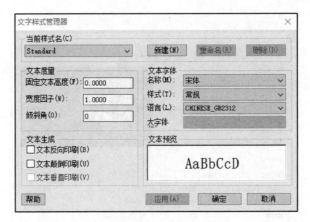

图 3-66 修改参数（四）

图 3-67 修改参数（五）

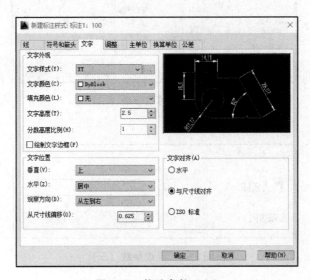

图 3-68 修改参数（六）

3. 绘制轴线网

（1）将当前图层设置为"轴线"图层。

（2）点击"绘图"选项卡中的"构造线"命令（XL），随意绘制一条水平和一条垂直的构造线，组成"＋"构造线。如图 3-69 所示。

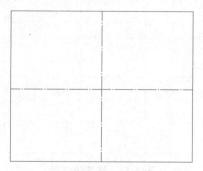

图 3-69　绘制水平和垂直构造线

（3）点击"修改"选项卡中的"偏移"命令（O）。将水平构造线向上偏移 7200，6000，2400，1950，6900；得到水平方向的辅助线。然后将垂直构造线分别向右偏移 4800，4800，4800，7200，7200/2，然后选中前 4 条垂直构造线以第 5 条垂直构造线为镜像命令（MI）的辅助线进行镜像。最后得到了水平轴号 1～11 和垂直轴号 A～E 的辅助线网格。如图 3-70 所示。

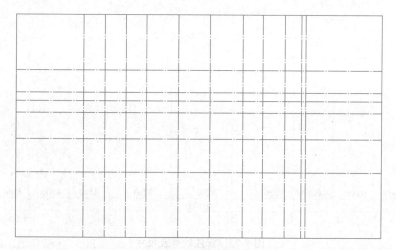

图 3-70　辅助线网格

（4）在构造线所围成最外围矩形上使用矩形命令（REC）绘制矩形，然后使用偏移命令（O）去偏移所绘制的矩形（偏移距离为 2600），最后使用修剪命令（TR）去选中上一步所偏移的矩形，再按一次空格，去选中所有构造线，就会自动生成封闭式的构造线网格。最后再把偏移的矩形删掉（O），以及对轴线网进行修剪。如图 3-71 所示。

（5）将当前图层设置为"标注"图层。分别标注水平轴号 1～11 和垂直轴号 A～E。最后再标注轴网之间的尺寸及总尺寸。如图 3-72 所示。

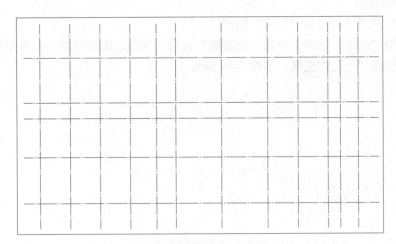

图 3-71　修剪轴线网

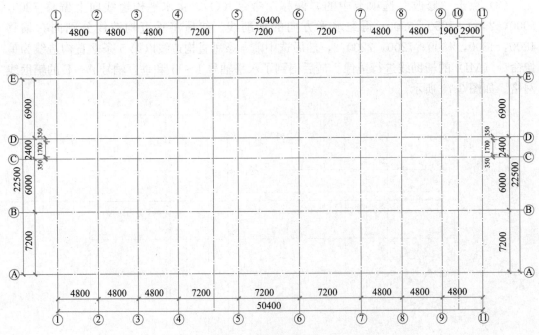

图 3-72　标注轴号及尺寸

4. 绘制框架柱

（1）将当前图层设置为"框架柱"图层。

（2）根据框架柱的分类分别对柱子进行定位绘制，根据"柱平法施工图"所示已知框架柱尺寸为 600×600，且都距轴线中心放置。使用矩形命令（REC）绘制一个 600×600 的矩形，如图 3-73 所示。再使用移动命令（M）将矩形中心与 E 号轴线和 1 号轴线相交点上，如图 3-74 所示。然后使用复制命令（CO）分别对轴网进行布置框架柱，如图 3-75 所示。

（3）最后将当前图层设置为"填充"图层对所有框架柱进行填充，执行填充命令（H），选择填充图案为"SOLID"，再点击"添加：拾取点"进行填充如图 3-76 所示，最后把轴线关掉对所有柱子进行填充。如图 3-77 所示。圆柱（同法）。

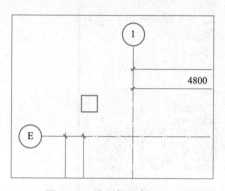

图 3-73　绘制框架柱（一）

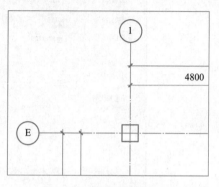

图 3-74　绘制框架柱（二）

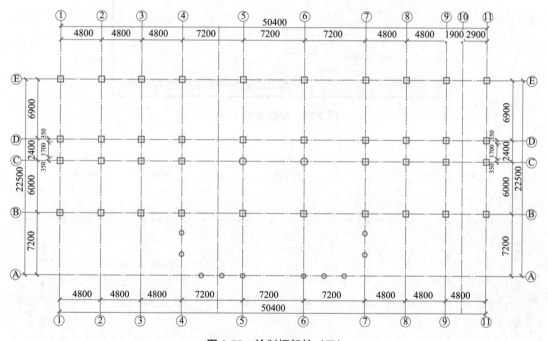

图 3-75　绘制框架柱（三）

5. 绘制墙体

（1）将当前图层设置为"墙体"图层。

（2）使用直线命令（L）连接 1、2 号轴线和 E 号轴线相交的框架柱顶部，如图 3-78 所示。使用偏移命令（O）对直线向下偏移 250，再使用直线命令（L）对两条直线进行先后连接，如图 3-79 所示。最后再使用复制命令（CO）对剩下的墙体进行绘制。如图 3-80 所示。

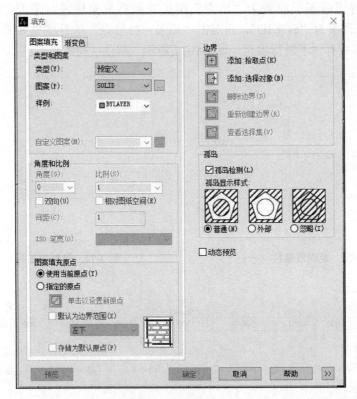

图 3-76　绘制墙体（一）

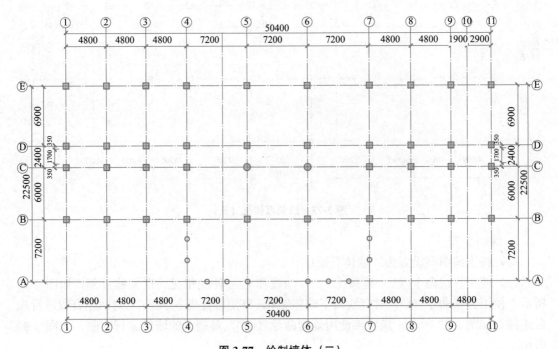

图 3-77　绘制墙体（二）

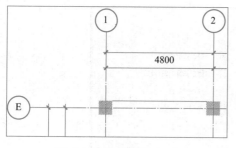

图 3-78　绘制墙体（三）

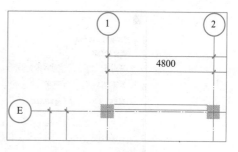

图 3-79　绘制墙体（四）

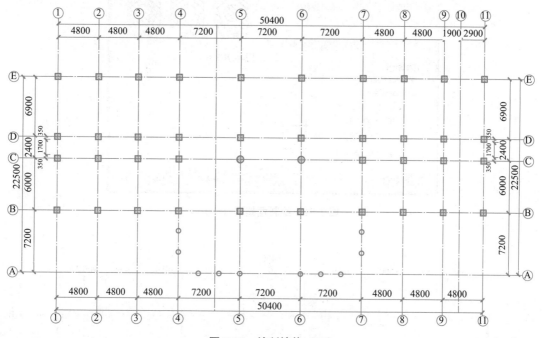

图 3-80　绘制墙体（五）

6. 填充墙体

（1）将当前图层设置为"填充"图层。

（2）使用填充命令（H）对墙体进行填充，执行填充命令（H），选择填充图案为"SOLID"，再点击"添加：拾取点"进行填充如图 3-81 所示。填充完成如图 3-82 所示。

7. 绘制框架梁

（1）将当前图层设置为"框架梁"图层。

（2）单击"绘图"选项卡"矩形"命令（REC），绘制框架梁。例如："KL5 框架梁"使用矩形命令空格，然后随意选中一个柱子的棱角为矩形的一点开始绘制，再去单击另一个柱子的棱角完成绘制（这样的话框架梁就和柱子一样居轴线中间放置）如图 3-83 所示。因为 KL5 框架梁尺寸为"250×500"，所以先选中矩形，然后进行在对矩形的左右进行夹点平移"350/2"如图 3-84 所示（余同如图 3-85）。

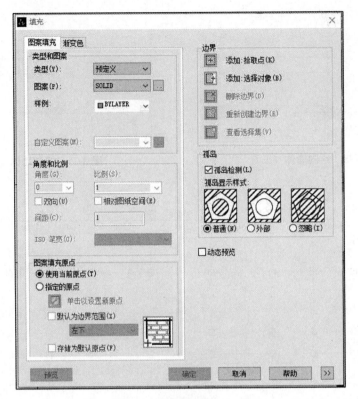

图 3-81　绘制框架梁（一）

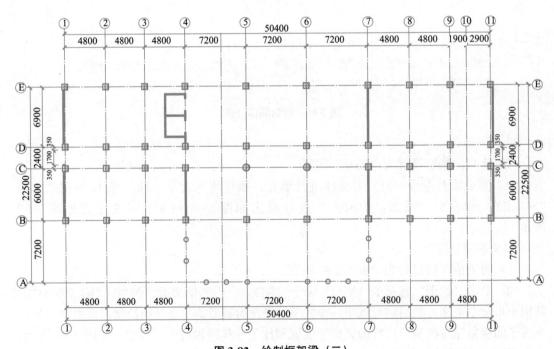

图 3-82　绘制框架梁（二）

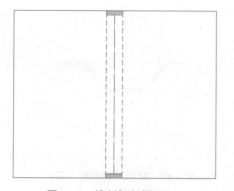

图 3-83 绘制框架梁（三）

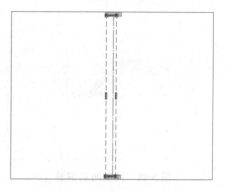

图 3-84 绘制框架梁（四）

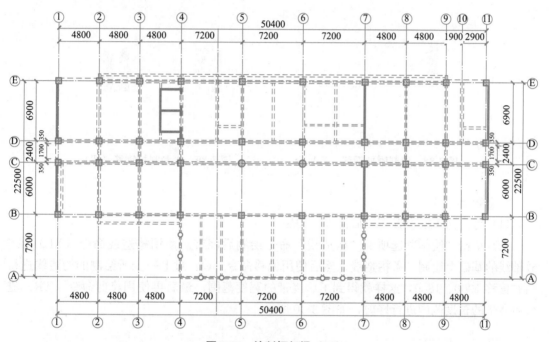

图 3-85 绘制框架梁（五）

8. 绘制附加钢筋（吊筋、箍筋）

（1）将当前图层设置为"钢筋"图层。

（2）单击"绘图"选项卡"多段线"命令，绘制附加吊筋。使用多段线命令（PL）绘制一段长为 200 的水平线，再绘制一段长为 400，且向下倾斜－45°的斜线，然后再绘制一段长为 150 的水平线，最后再选中使用镜像命令，如图 3-86 所示。单击"修改"选项卡"镜像"命令，选中上一步所绘制的多段线，输入镜像命令（MI）空格，然后点击多段线的一端绘制镜像轴，即可完成镜像如图 3-87 所示。单击"绘图"选项卡"多段线"命令，绘制附加箍筋。输入多段线命令（PL）空格，然后指定起点和终点宽度为 50，再在框架梁上绘制一条与框架梁互相垂直多段线，且长度等于梁宽，如图 3-88 所示。单击"修改"选项卡"复制"命令（CO），按着一定间距复制上一步所绘制多段线，如图 3-89 所示。

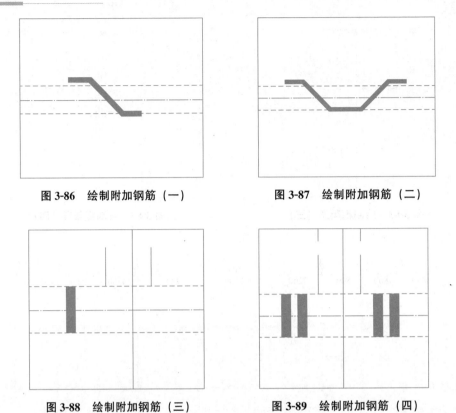

图 3-86　绘制附加钢筋（一）　　　　图 3-87　绘制附加钢筋（二）

图 3-88　绘制附加钢筋（三）　　　　图 3-89　绘制附加钢筋（四）

9. 绘制后浇带

（1）将当前图层设置为"后浇带"图层。

（2）单击"绘图"选项卡"构造线"命令绘制后浇带。使用构造线命令（XL）在 5 号轴线的基础上绘制一条构造线，然后使用偏移命令（O）对上一步所绘制的构造线进行向右偏移 1000、1800，这样就得到了后浇带的宽度范围，最后再使用修剪命令（TR）进行后浇带的长度范围进行修剪，如图 3-90 所示。

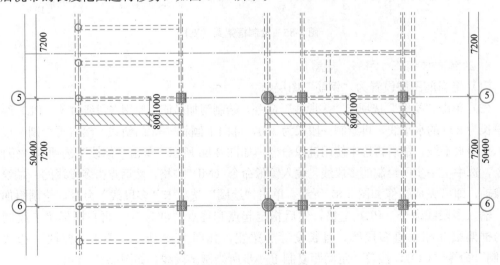

图 3-90　绘制后浇带

10. 绘制标注

（1）将当前图层设置为"标注"图层。

（2）单击"标注"选项卡"对齐"命令（DIL），标注内部尺寸。方法 1：输入命令 DIL 后空格一次，然后选取起始点再选取终点，这样就可以得到想标注的数据；方法 2：输入命令 DIL 后空格两次，然后选择您所要标注的线段，然后这样就可以直接得到您所标注的数据（如果想连续标注，就在第一次标注数据后输入命令 DCO 连续标注就可以了）。如图 3-91 所示。

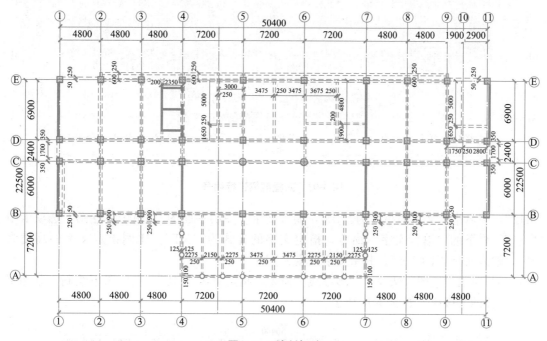

图 3-91　绘制标注

11. 标注框架梁（集中标注、原位标注）

（1）将当前图层设置为"梁标注"图层。

（2）单击"绘图"选项卡"多段线"命令，绘制框架梁集中标注引线。使用多段线命令（PL）绘制一条与所标注的框架梁互相垂直的多段线。再单击"绘图"选项卡"文字"中的单行文字命令（DT）进行钢筋编辑。则：原位标注只需在钢筋在框架梁上的对应位置进行标注（如：钢筋在梁的底部，则：钢筋标注就在梁的底部进行标注）如图 3-92 所示。

（3）单击"修改"选项卡中的"复制"命令（CO）。分别对相同编号的框架梁进行编号，如图 3-93 所示。

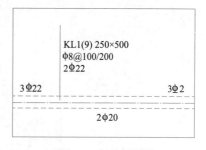

图 3-92　标注框架梁

12. 文字说明

（1）将当前图层设置为"文字"图层。

（2）单击"绘图"选项卡中"文字"栏下的"单行文字"命令，指定文字的样式为

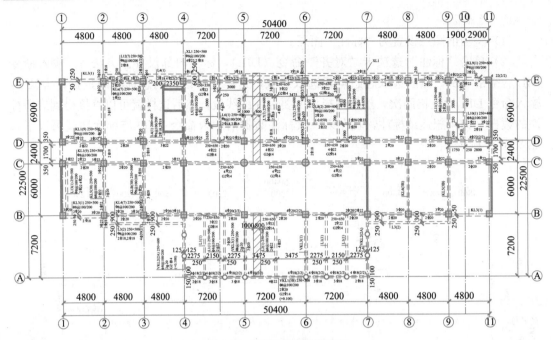

图 3-93　对框架梁进行编号

"HZ"，图名指定文字的高度为：700，输入文字"一层平面图"。单击"绘图"选项卡中"文字"栏下的"单行文字"命令，指定文字的样式为"XT"，比例指定文字的高度为500，输入文字"1：100"。其余文字高度为350。

（3）单击"绘图"选项卡"多段线"命令，指定宽度为100，在图名下绘制一条和图名上一样的多段线。如图 3-94 所示。

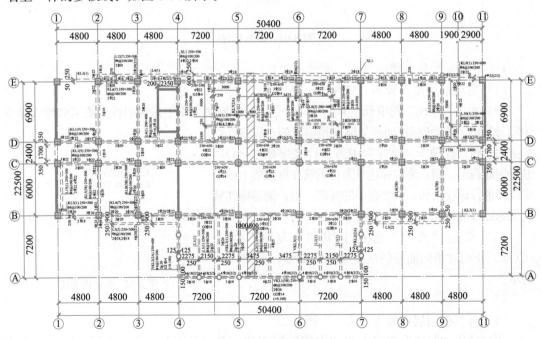

图 3-94　绘制多段线

3.3.3　梁平法施工图的绘制（二）

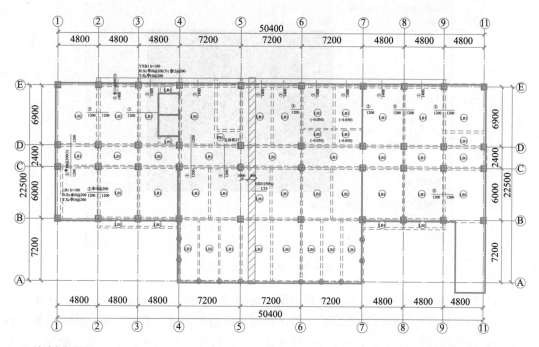

绘制步骤：

1. 设置图层

单击"格式"选项卡中的"图层"命令（LA）。在图层特性管理器中选择"新建图层"按钮，创建轴线、框架柱、墙体、框架梁、梁标注、标注、后浇带、填充、钢筋、文字等图层，然后修改各图层的颜色、线型、线宽。如图 3-95 所示。

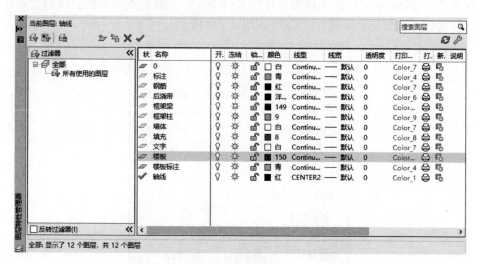

图 3-95　设置图层

2. 设置文字样式

（1）单击"标注"选项卡中的"标注样式"命令（D），如图 3-96 所示。

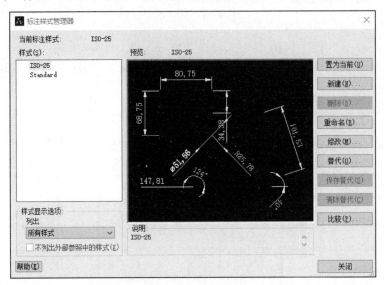

图 3-96　单击"标注样式"

（2）然后点击"新建"新建文字样式为"标注 1：100"，再点击"继续"，如图 3-97 所示。弹出"新建标注样式"界面后，将进行对里面的参数进行修改。第一步：在标注线界面里修改基线间距为 10；原点为 2；尺寸线为 2，如图 3-98 所示。第二步：单击"符号和箭头"修改起始箭头为"建筑标记"如图 3-99 所示。第三步：单击"文字"修改文字样式，然后选中文字样式最右侧的按钮 ⌷⌷ 进行修改，如图 3-100 所示。然后单击"新建"新建样式名称为 HZ；点击确定，如图 3-101 所示。第四步：修改宽度因子为 0.7，文本字体名称为"仿宋"如图 3-102 所示。同上单击"新建"新建样式名称为 XT，修改文本字体名称为"simplex. shx"，大字体为"HZTXTI. SHX"。最后点击确认，回到"新建标注样式"界面后，修改文字样式为"XY"如图 3-103 所示。

图 3-97　点击"新样式名"

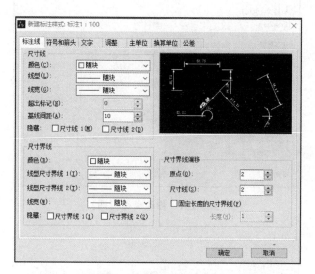

图 3-98　修改参数（一）

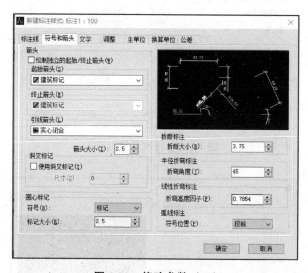

图 3-99　修改参数（二）

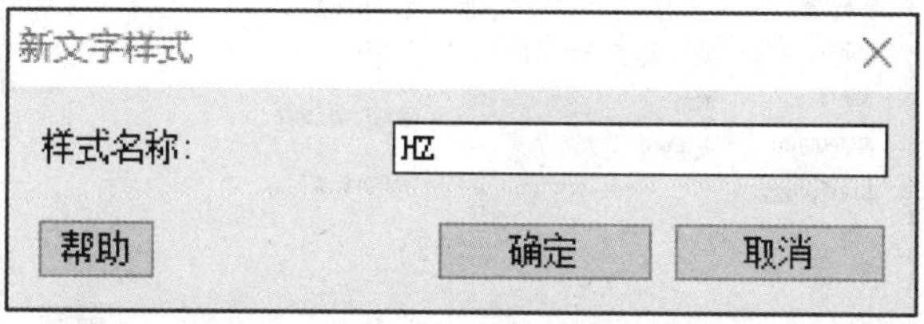

图 3-100　修改参数（三）

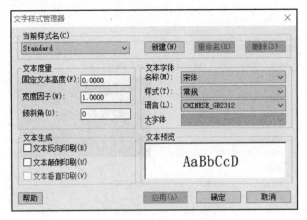

图 3-101　修改参数（四）

图 3-102　修改参数（五）

图 3-103　修改参数（六）

3. 绘制轴线网

（1）将当前图层设置为"轴线"图层。

（2）点击"绘图"选项卡中的"构造线"命令（XL），随意绘制一条水平和一条垂直的构造线，组成"+"构造线。如图 3-104 所示。

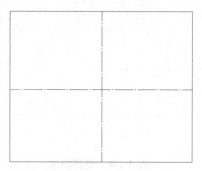

图 3-104　绘制水平和垂直构造线

（3）点击"修改"选项卡中的"偏移"命令（O）。将水平构造线向上偏移 7200，6000，2400，1950，6900；得到水平方向的辅助线。然后将垂直构造线分别向右偏移 4800，4800，4800，7200，7200/2，然后选中前 4 条垂直构造线以第 5 条垂直构造线为镜像命令（MI）的辅助线进行镜像。最后得到了水平轴号 1～11 和垂直轴号 A～E 的辅助线网格。如图 3-105 所示。

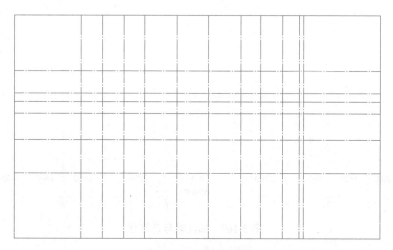

图 3-105　辅助线网格

（4）在构造线所围成最外围矩形上使用矩形命令（REC）绘制矩形，然后使用偏移命令（O）去偏移所绘制的矩形（偏移距离为 2600），最后使用修剪命令（TR）去选中上一步所偏移的矩形，再按一次空格，去选中所有构造线，就会自动生成封闭式的构造线网格。最后再把偏移的矩形删掉（O），以及对轴网进行修剪。如图 3-106 所示。

（5）将当前图层设置为"标注"图层。分别标注水平轴号 1～11 和垂直轴号 A～E。最后再标注轴网之间的尺寸及总尺寸。如图 3-107 所示。

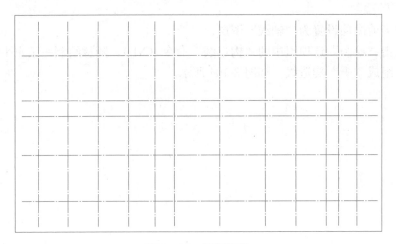

图 3-106　修剪轴网

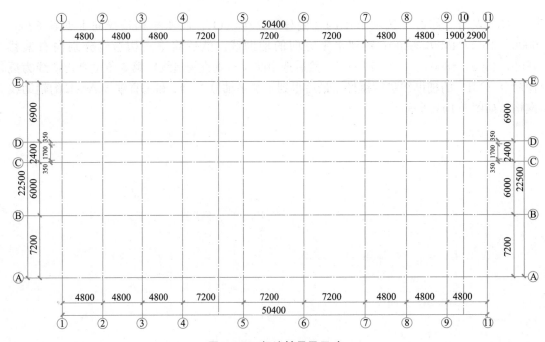

图 3-107　标注轴号及尺寸

4. 绘制框架柱

（1）将当前图层设置为"框架柱"图层。

（2）根据框架柱的分类分别对柱子进行定位绘制，根据"柱平法施工图"所示已知框架柱尺寸为 600×600，且都距轴线中心放置。使用矩形命令（REC）绘制一个 600×600 的矩形，如图 3-108 所示。再使用移动命令（M）将矩形中心与 E 号轴线和 1 号轴线相交点上，如图 3-109 所示。然后使用复制命令（CO）分别对轴网进行布置框架柱，如图 3-110 所示。

（3）最后将当前图层设置为"填充"图层对所有框架柱进行填充，执行填充命令

（H），选择填充图案为"SOLID"，再点击"添加：拾取点"进行填充如图 3-111 所示，最后把轴线关掉对所有柱子进行填充。如图 3-112 所示。圆柱（同法）。

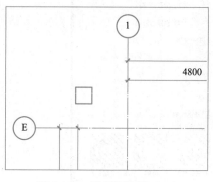

图 3-108　绘制框架柱（一）

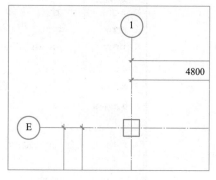

图 3-109　绘制框架柱（二）

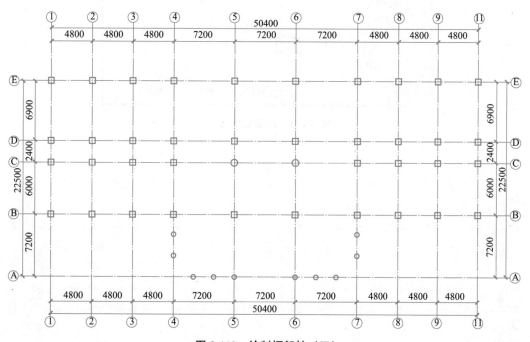

图 3-110　绘制框架柱（三）

5. 绘制墙体

（1）将当前图层设置为"墙体"图层。

（2）使用直线命令（L）连接 1、2 号轴线和 E 号轴线相交的框架柱顶部，如图 3-113 所示。使用偏移命令（O）对直线向下偏移 250，再使用直线命令（L）对两条直线进行先后连接，如图 3-114 所示。最后再使用复制命令（CO）对剩下的墙体进行绘制。如图 3-115 所示。

图 3-111　绘制墙体（一）

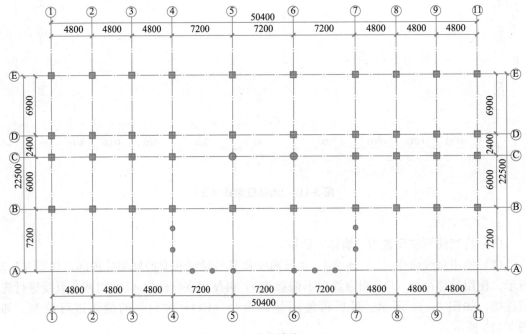

图 3-112　绘制墙体（二）

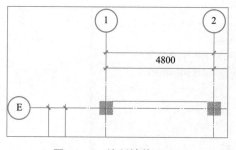

图 3-113 绘制墙体 (三)

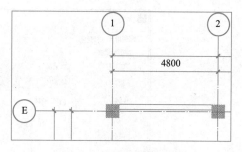

图 3-114 绘制墙体 (四)

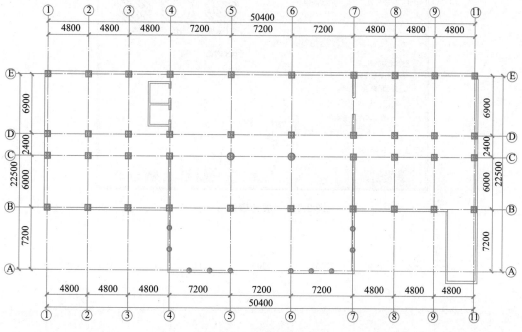

图 3-115 绘制墙体 (五)

6. 填充墙体

(1) 将当前图层设置为"填充"图层。

(2) 使用填充命令 (H) 对墙体进行填充,执行填充命令 (H),选择填充图案为 "SOLID",再点击"添加:拾取点"进行填充如图 3-116 所示。填充完成如图 3-117 所示。

7. 绘制框架梁

(1) 将当前图层设置为"框架梁"图层。

(2) 单击"绘图"选项卡"矩形"命令 (REC),绘制框架梁。例如:"KL5 框架梁"使用矩形命令空格,然后随意选中一个柱子的棱角为矩形的一点开始绘制,再去单击另一个柱子的棱角完成绘制(这样的话框架梁就和柱子一样居轴线中间放置)如图 3-118 所示。因为 KL5 框架梁尺寸为"250×500",所以先选中矩形,然后进行在对矩形的左右进行夹点平移"350/2"如图 3-119 所示(余同如图 3-120 所示)。

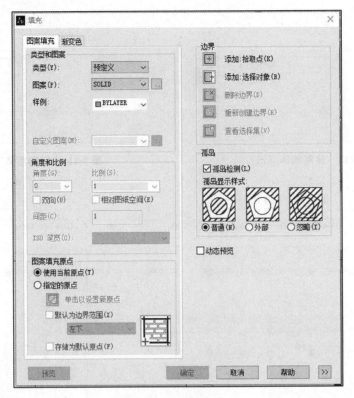

图 3-116 填充墙体（一）

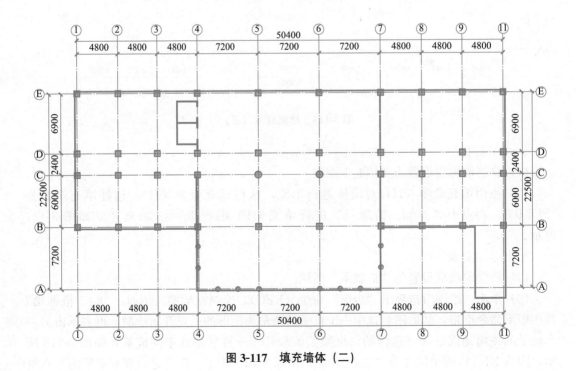

图 3-117 填充墙体（二）

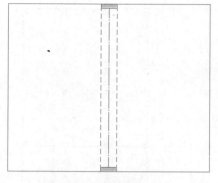

图 3-118　填充墙体（三）

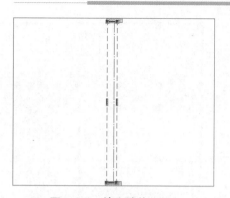

图 3-119　填充墙体（四）

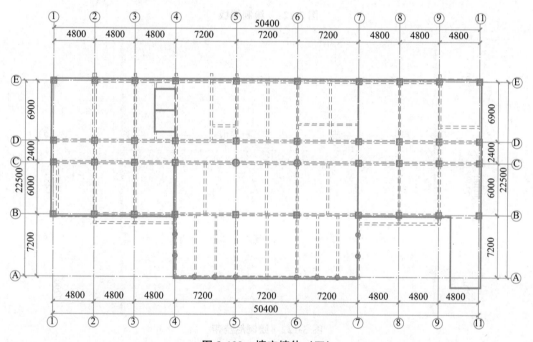

图 3-120　填充墙体（五）

8. 绘制楼板

（1）将当前图层设置为"楼板"图层。

（2）单击"绘图"选项卡"多段线"命令绘制楼板。使用多段线命令（PL）沿着外墙绘制一圈后，再根据楼板与每面墙的距离进行偏移修改（为了便于看清，以关掉其余图层）如图 3-121 所示。

9. 绘制后浇带

（1）将当前图层设置为"后浇带"图层。

（2）单击"绘图"选项卡"构造线"命令绘制后浇带。使用构造线命令（XL）在 5 号轴线的基础上绘制一条构造线，然后使用偏移命令（O）对上一步所绘制的构造线进行向右偏移 1000、1800，这样就得到了后浇带的宽度范围，最后再使用修剪命令（TR）进行后浇带的长度范围进行修剪，如图 3-122 所示。

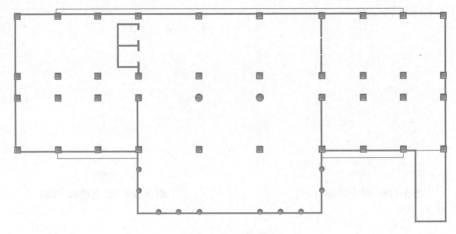

图 3-121　绘制楼板

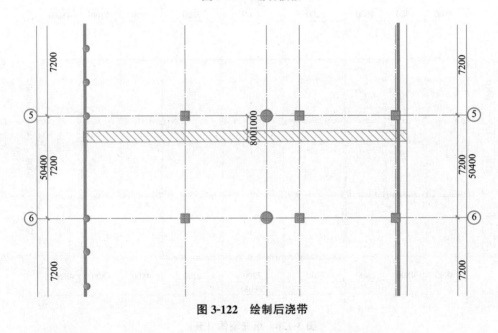

图 3-122　绘制后浇带

10. 绘制钢筋

（1）将当前图层设置为"钢筋"图层。

（2）单击"绘图"选项卡"多段线"命令绘制钢筋，输入多段线命令（PL）指定宽度（W）为 50，然后绘制一条与墙体或框架梁互相垂直的多段线，长度为轴线与钢筋端点之间的距离（例如：××板的 2 号钢筋的长度就等于两边的 1200 之和为 2400），如图 3-123 所示。

11. 标注楼板

（1）将当前图层设置为"楼板标注"图层。

（2）单击"绘图"选项卡"文字"中的单行文字命令（DT）进行楼板编辑（内容为：板编号、板厚、上层或下层钢筋）如图 3-124 所示。由于大部分板的构造相同，所以其余相同板只需要标注同一种板编号，单击"修改"选项卡中的"复制"命令（CO）。分别对相同的板进行编号，如图 3-125 所示。

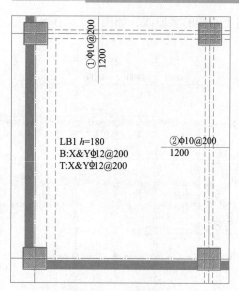

图 3-124　楼板编辑

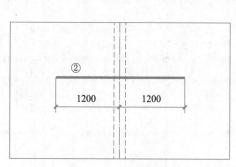

图 3-123　绘制钢筋

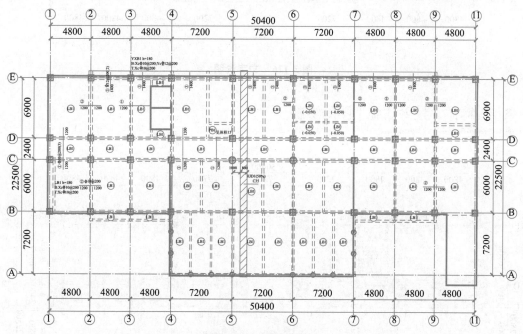

图 3-125　楼板编号

12. 文字说明

（1）将当前图层设置为"文字"图层。

（2）单击"绘图"选项卡中"文字"栏下的"单行文字"命令，指定文字的样式为"HZ"，图名指定文字的高度为：700，输入文字"一层平面图"。单击"绘图"选项卡中"文字"栏下的"单行文字"命令，指定文字的样式为"XT"，比例指定文字的高度为500，输入文字"1∶100"。其余文字高度为350。

（3）单击"绘图"选项卡"多段线"命令，指定宽度为100，在图名下绘制一条和图名上一样的多段线。如图 3-126 所示。

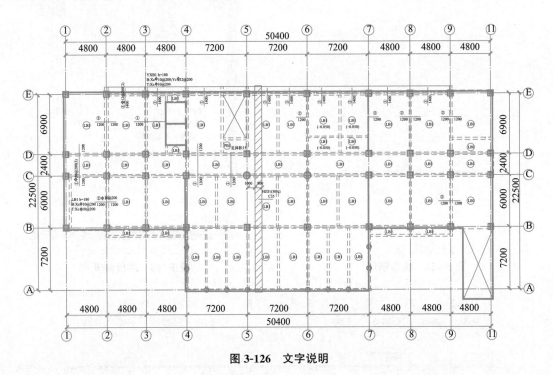

图 3-126　文字说明

3.3.4　墙体、柱平法施工图的绘制

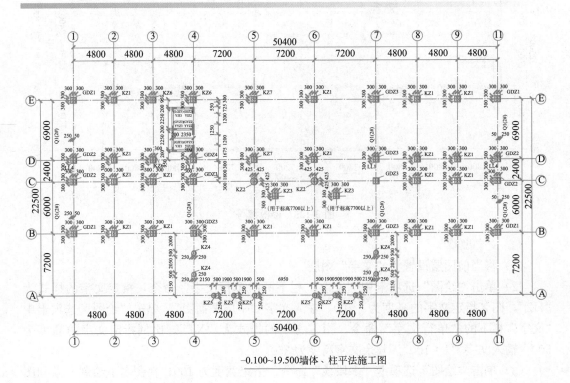

−0.100~19.500墙体、柱平法施工图

绘制步骤：

1. 设置图层

单击"格式"选项卡中的"图层"命令（LA）。在图层特性管理器中选择"新建图层"按钮⧉，创建轴线、框架柱、墙体、框架梁、结构编号、填充、文字等图层，然后修改各图层的颜色、线型、线宽。如图 3-127 所示。

图 3-127　设置图层

2. 设置文字样式

（1）单击"标注"选项卡中的"标注样式"命令（D），如图 3-128 所示。

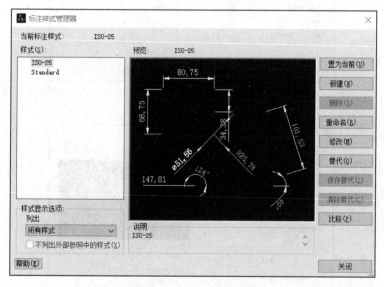

图 3-128　单击"标注样式"

（2）然后点击"新建"新建文字样式为"标注 1∶100"，再点击"继续"，如图 3-129 所示。弹出"新建标注样式"界面后，将进行对里面的参数进行修改。第一步：在标注线界面里修改基线间距为 10；原点为 2；尺寸线为 2，如图 3-130 所示。第二步：单击"符号和箭头"修改起始箭头为"建筑标记"如图 3-131 所示。第三步：单击"文字"修改文

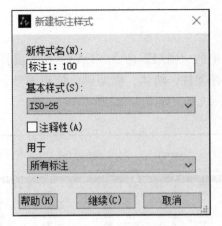

图 3-129　点击"新样式名"

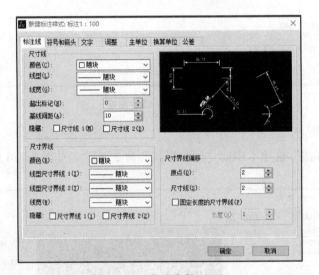

图 3-130　修改参数（一）

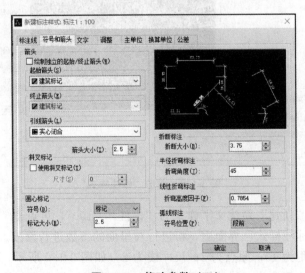

图 3-131　修改参数（二）

字样式，然后选中文字样式最右侧的按钮 ![icon] 进行修改，如图 3-132 所示。然后单击"新建"新建样式名称为 HZ；点击确定，如图 3-133 所示。第四步：修改宽度因子为 0.7，文本字体名称为"仿宋"如图 3-134 所示。同上单击"新建"新建样式名称为 XT，修改文本字体名称为"simplex.shx"，大字体为"HZTXTI.SHX"。最后点击确认，回到"新建标注样式"界面后，修改文字样式为"XY"如图 3-135 所示。

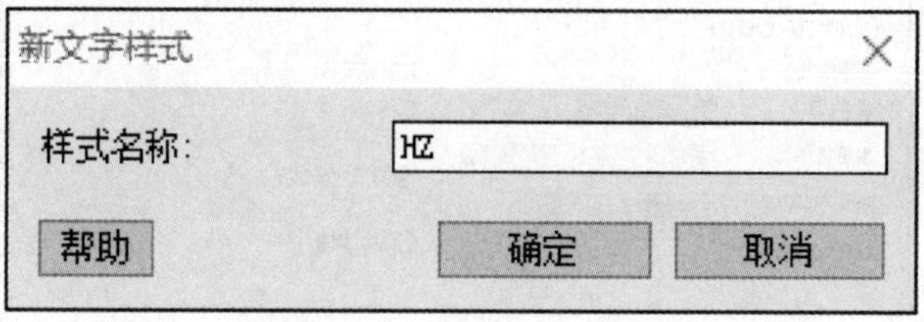

图 3-132　修改参数（三）

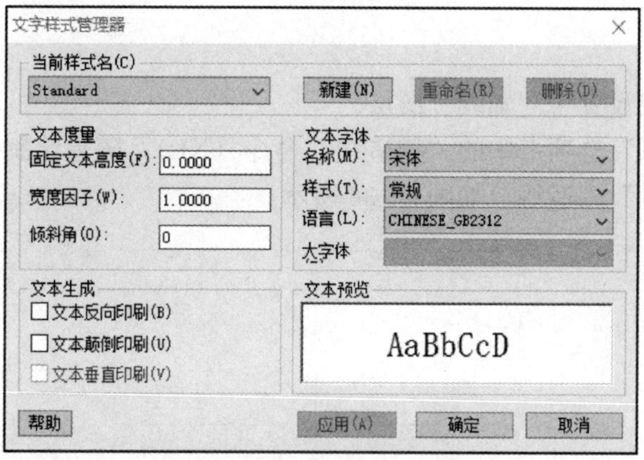

图 3-133　修改参数（四）

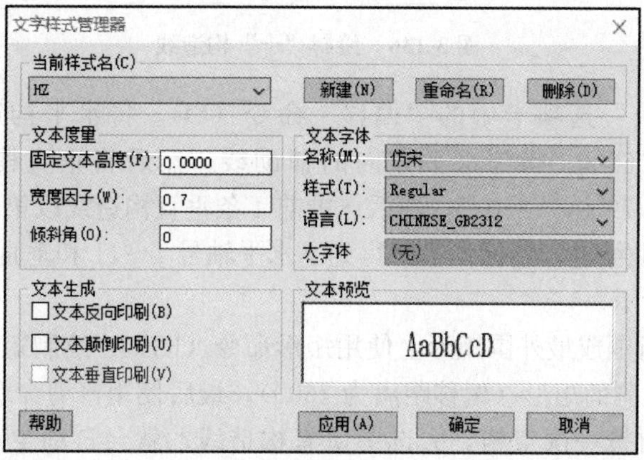

图 3-134　修改参数（五）

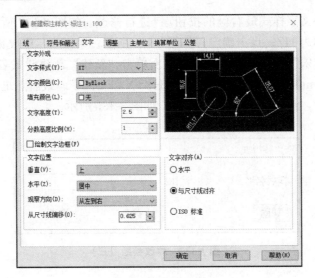

图 3-135　修改参数（六）

3. 绘制轴线网

（1）将当前图层设置为"轴线"图层。

（2）点击"绘图"选项卡中的"构造线"命令（XL），随意绘制一条水平和一条垂直的构造线，组成"＋"构造线。如图 3-136 所示。

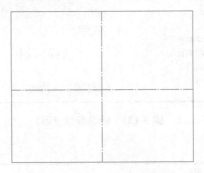

图 3-136　绘制"＋"构造线

（3）点击"修改"选项卡中的"偏移"命令（O）。将水平构造线向上偏移 7200，6000，2400，1950，6900；得到水平方向的辅助线。然后将垂直构造线分别向右偏移 4800，4800，4800，7200，7200/2，然后选中前 4 条垂直构造线以第 5 条垂直构造线为镜像命令（MI）的辅助线进行镜像。最后得到了水平轴号 1～11 和垂直轴号 A～E 的辅助线网格。如图 3-137 所示。

（4）在构造线所围成最外围矩形上使用矩形命令（REC）绘制矩形，然后使用偏移命令（O）去偏移所绘制的矩形（偏移距离为 2600），最后使用修剪命令（TR）去选中上一步所偏移的矩形，再按一次空格，去选中所有构造线，就会自动生成封闭式的构造线网格。最后再把偏移的矩形删掉（O），以及对轴线网进行修剪。如图 3-138 所示。

（5）将当前图层设置为"柱子"图层。分别标注水平轴号 1～11 和垂直轴号 A～E。最后再标注轴网之间的尺寸及总尺寸。如图 3-139 所示。

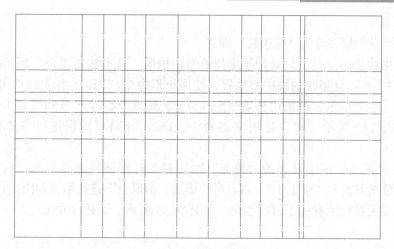

图 3-137 辅助线网格

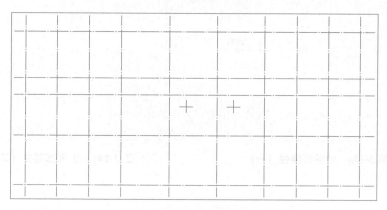

图 3-138 修剪轴线网

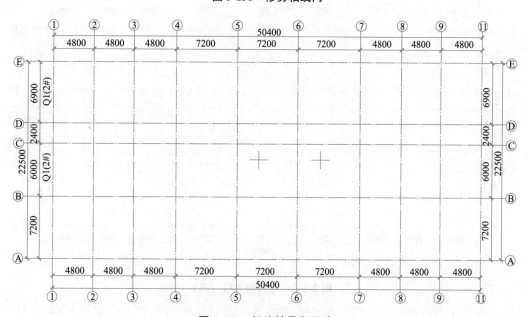

图 3-139 标注轴号和尺寸

4. 绘制框架柱

（1）将当前图层设置为"框架柱"图层。

（2）根据柱子的分类分别对柱子定位绘制，根据"柱平法施工图"所示已知框架柱尺寸为 600×600，且都距轴线中心放置。使用矩形命令（REC）绘制一个 600×600 的矩形，如图 3-140 所示。再使用移动命令（M）将矩形中心与 E 号轴线和 1 号轴线相交点上，如图 3-141 所示。然后使用复制命令（CO）分别对轴网进行布置框架柱，如图 3-142 所示。

（3）最后将当前图层设置为"填充"图层对所有框架柱进行填充，执行填充命令（H），选择填充图案为"SOLID"，再点击"添加：拾取点"进行填充如图 3-143 所示，最后把轴线图层关掉对所有柱子进行填充。如图 3-144 所示。圆柱（同法）。

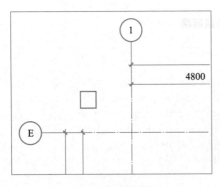

图 3-140　绘制框架柱（一）

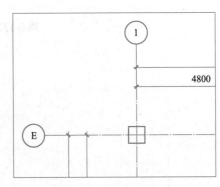

图 3-141　绘制框架柱（二）

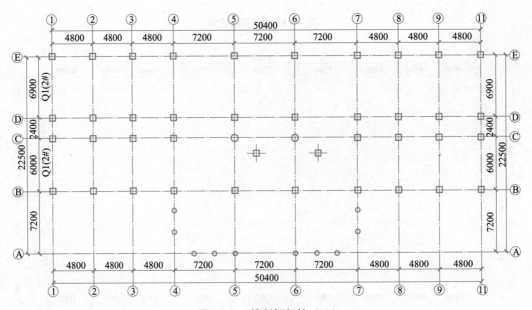

图 3-142　绘制框架柱（三）

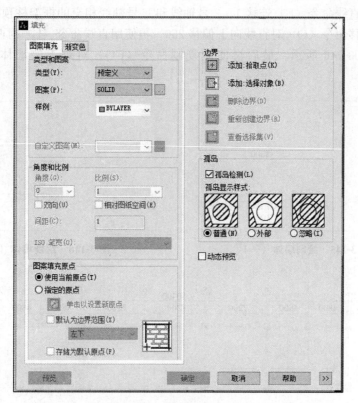

图 3-143　绘制框架柱（四）

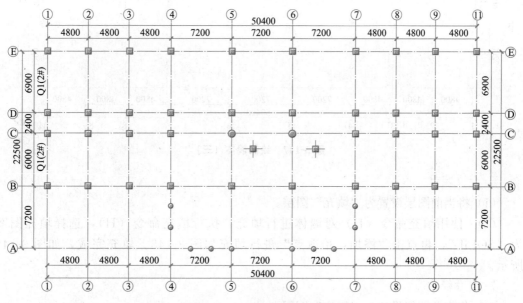

图 3-144　绘制框架柱（五）

5. 绘制墙体

（1）将当前图层设置为"墙体"图层。

（2）使用直线命令（L）连接 1、2 号轴线和 E 号轴线相交的框架柱顶部，如图 3-145 所示。使用偏移命令（O）对直线向下偏移 250，再使用直线命令（L）对两条直线进行先后连接，如图 3-146 所示。最后再使用复制命令（CO）对剩下的墙体进行绘制。如图 3-147 所示。

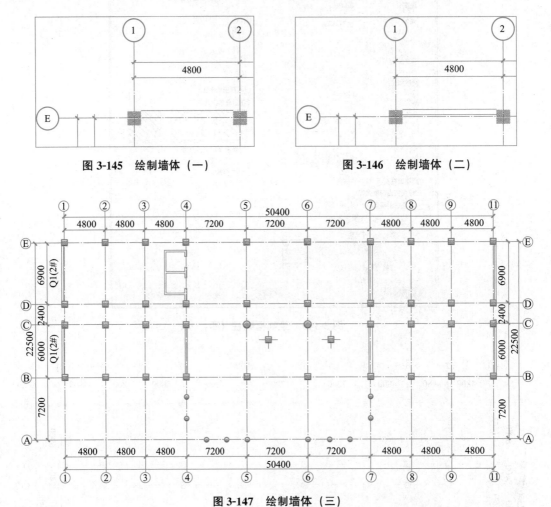

图 3-145　绘制墙体（一）　　　　　　图 3-146　绘制墙体（二）

图 3-147　绘制墙体（三）

6. 填充墙体

（1）将当前图层设置为"填充"图层。

（2）使用填充命令（H）对墙体进行填充，执行填充命令（H），选择填充图案为"SOLID"，再点击"添加：拾取点"进行填充如图 3-148。填充完成，如图 3-149 所示。

7. 尺寸标注

（1）将当前图层设置为"标注"图层。

（2）使用对齐标注命令（DIL）进行需要标注的细部数据，方法 1：输入命令 DIL 后空格一次，然后选取起始点再选取终点，这样就可以得到想标注的数据；方法 2：输入命令 DIL 后空格两次，然后选择您所要标注的线段，然后这样就可以直接得到您所标注的数

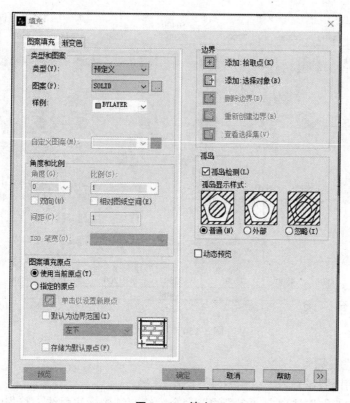

图 3-148　填充

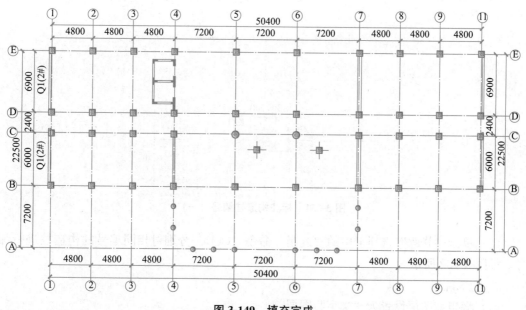

图 3-149　填充完成

据（如果想连续标注，就请在第一次标注数据后输入命令 DCO 连续标注就可以了）。如图 3-150 所示。

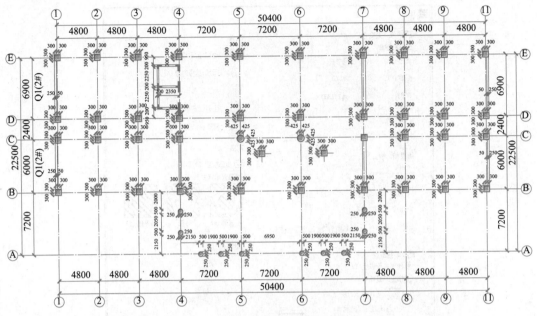

图 3-150　尺寸标注

8. 标注构造柱编号

（1）将当前图层设置为"结构编号"图层。

（2）单击"绘图"选项卡"多段线"命令，绘制结构标注引线。首先绘制一段向右上角的斜线，再绘制一段水平方向的线段，最后在水平引线的上侧标注"KZ1"编号，如图 3-151 所示。

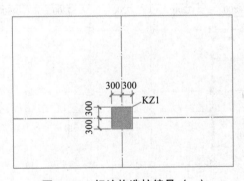

图 3-151　标注构造柱编号（一）

（3）单击"修改"选项卡中的"复制"命令（CO）。分别对相同编号的构造柱进行编号，如图 3-152 所示。

9. 文字说明

（1）将当前图层设置为"文字"图层。

（2）单击"绘图"选项卡中"文字"栏下的"单行文字"命令，指定文字的样式为"HZ"，图名指定文字的高度为：700，输入文字"一层平面图"。单击"绘图"选项卡中"文字"栏下的"单行文字"命令，指定文字的样式为"XT"，比例指定文字的高度为

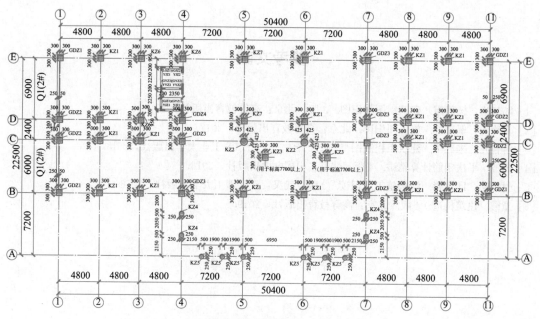

图 3-152　标注构造柱编号（二）

500，输入文字"1：100"。其余文字高度为 350。

（3）单击"绘图"选项卡"多段线"命令，指定宽度为 100，在图名下绘制一条和图名上一样的多段线，摆放好位置后即可绘制完成"墙体、柱平法施工图"，如图 3-153 所示。

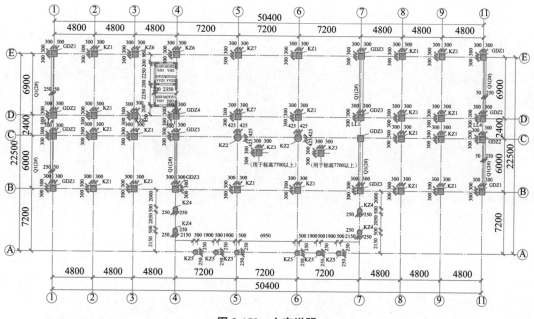

图 3-153　文字说明

参考文献

[1] 陆叔华，杨静霞. 建筑制图与识图. 3 版. 北京：高等教育出版社，2019.

[2] 夏玲涛，邬京虹. 施工图识读. 北京：高等教育出版社，2017.

[3] 游普元，朱红华. 建筑工程制图与识图. 哈尔滨：哈尔滨工业大学出版社，2018.

[4] 彭波. 平法钢筋计算精讲. 4 版. 北京：中国电力出版社，2018.

[5] 付秀艳，邱培彪. 结构施工图识读. 2 版. 武汉：武汉理工大学出版社，2016.

[6] 童霞. 建筑构造. 4 版. 北京：高等教育出版社，2019.